始于未知　去往浩瀚

人生问题与幸福之路

[法] 莫罗阿 著　　傅雷 译
[英] 罗 素　　　　远东 编

上海远东出版社

图书在版编目(CIP)数据

人生问题与幸福之路/(法)莫罗阿,(英)罗素著;
傅雷译;远东编.—上海:上海远东出版社,2023
ISBN 978-7-5476-1910-0

Ⅰ.①人… Ⅱ.①莫…②罗…③傅…④远… Ⅲ.
①人生哲学—通俗读物②幸福—通俗读物 Ⅳ.①B82-49

中国国家版本馆 CIP 数据核字(2023)第 068577 号

责任编辑 陈占宏

封面设计 徐羽情

人生问题与幸福之路

[法]莫罗阿 [英]罗 素 著
傅 雷 译
远 东 编

出 版	**上海远东出版社**
	(201101 上海市闵行区号景路159弄C座)
发 行	上海人民出版社发行中心
印 刷	上海锦佳印刷有限公司
开 本	890×1240 1/32
印 张	9.625
插 页	1
字 数	203,000
版 次	2023年6月第1版
印 次	2023年6月第1次印刷
ISBN	978-7-5476-1910-0/B·31
定 价	65.00元

序

疗治时代"精神疾病"的"一剂药石"

1959年10月21日，傅雷在给他的儿媳、傅聪的妻子弥拉的英文信件中这样说："看来，你对文学已有相当修养，不必再需任何指导，我只想推荐几本书，望你看后能从中汲取教益，尤其在人生艺术方面，有所提高。"（傅敏主编：《傅雷著译全书》第25卷，上海远东出版社2018年版，第43页。）他所推荐的几种提高人生艺术的书中，便有莫罗阿的《恋爱与牺牲》和《人生五大问题》，这都是他所翻译过的。

这本《人生问题与幸福之路》，是由傅雷翻译的法国作家莫罗阿的《人生五大问题》和英国学者罗素的《幸福之路》两本书集合而成。

傅雷翻译的莫罗阿的《人生五大问题》（*Sentiments et coutumes*）原著出版于1934年，翻译于1936年由商务印书馆出版，而罗素的《幸福之路》（*The Conquest Happiness*）原著出版于1930年，傅译于1947年由南国出版社出版。

对于罗素，我们相对熟悉些，也不难了解。因此，这里只须对他做一个极为简略的介绍。

伯特兰·阿瑟·威廉·罗素（Bertrand Arthur William Russell，1872年5月18日一1970年2月2日），是一个百科全书式的大学者，他一生在哲学、逻辑学、数学、教育学、社会学、政治学和文学等多个学科领域都有着杰出的建树。共出版上百部著作，发表两千多篇文章。罗素的主要作品有《数理哲学导论》《西方哲学史》《哲学问题》《心的分析》《物的分析》等。

1872年5月18日，罗素出生在英国威尔士的一个贵族家庭。其祖父约翰·罗素在19世纪40年代曾两次出任英国首相。罗素于1890年考入剑桥大学三一学院，后曾两度在该校任教。1908年当选为皇家学会会员。1938年访美并旅居到1944年。1950年获诺贝尔文学奖。面对冷战中的核战争的危险，1955年他和爱因斯坦共同发表反对战争的《罗素一爱因斯坦宣言》(*Russell-Einstein Manifesto*），呼吁用和平手段解决国家间的争端。1970年2月2日，罗素在威尔士的家中去世。

值得一提的是，1920年10月8日到1921年7月11日，罗素应梁启超组织的讲学社之邀来华讲学。他访问了上海、南京、杭州、长沙、北京等地，做了一系列学术思想演讲。1922年回国后，罗素便出版了《中国问题》一书。

相对罗素来说，我们对莫罗阿更陌生一些。在这里，我们对他略加介绍。

安德烈·莫罗阿是法国小说家、传记作家和散文家，他原名是埃米尔·所罗门·威廉·赫尔佐格（Émile Salomon Wilhelm Herzog），莫罗阿是他的笔名。他于1885年7月26日出生于埃尔伯夫（Elbeuf），1967年10月9日卒于塞纳河畔讷伊（Neuilly-sur-Seine）。

莫罗阿出生于一个犹太呢绒商家庭。他在鲁昂（Rouen）读中学时的老师是哲学家阿兰（Alain），他在美学上受惠于阿兰甚多，他亦将阿兰视为其精神上的"宗师"。事实上，莫罗阿更喜欢从事文学事业，而不是经营家族工厂。服完兵役后，他在父亲的公司干了十年左右时间。

第一次世界大战期间，莫罗阿充当了英国远征军在法国和佛兰德勒（Flandres）地区的军事翻译和联络官，1918年，他写了《布拉姆布尔上校的沉默》（*Les Silences du colonel Bramble*），在法国和盎格鲁撒克逊国家取得了巨大成功。与此同时，他将英国诗人鲁德亚德·吉卜林的《如果》翻译成《你将成为一个男人，我的孩子》。战争带给了他一个新的名字，他的笔名"Maurois"，正是取自法国北部一个村庄的名字。战后，他做了《火炬》等报纸编辑。

1909年，他在日内瓦遇到被称为"珍妮"的女孩，她是波兰伯爵的女儿，她本身也是一名作家。1924年在巴黎，他遇到了西蒙娜·德·凯拉维（Simone de Caillavet），她便是他的第二任妻子，她亦出身名门。

由于他妻子的关系，在贝当元帅的支持下，他于1938年6月23日当选为法兰西学术院（l'Académie Française）院士，接任先年去世的文学家、文学批评家勒内·杜米奇（René Doumic）所留下的第26号座席，直至去世。

第二次世界大战期间，他流亡美国，他钦佩温斯顿·丘吉尔，并对贝当持怀疑态度。1947年，他正式更名为安德烈·莫罗阿。1967年10月9日，他在塞纳河畔纳伊去世。

莫罗阿是个讲故事的好手，他的一生，著作极为丰富，他的写作面向大众，从而获得了巨大的成功。

他一生写作了大量的人物传记和历史书。他先后出版了雪莱、拜伦、维克多·雨果、乔治·桑、巴尔扎克、伏尔泰、夏多布里昂、屠格涅夫、爱德华七世、本杰明·迪斯雷利（Disraeli）、利奥泰将军（Général Lyautey）和亚历山大·弗莱明（Alexander Fleming）的传记。他的英国和美国、法国的历史写作备受人们推崇。他的小说《气候》（*Climats*，1928）、《九月玫瑰》（*Les Roses de septembre*，1956）为他赢得了女性读者的青睐。他还写过几部科幻小说，如《下一章》（*Le Chapitre suivant*，1927）等。

可以看出，他所选择的题材和故事，都是人们所乐于了解的。

二

《人生问题与幸福之路》这本书所讨论的看上去都是些"大而无当"、但实际上在我们生活中却是须臾不可离开的五种问题：婚姻、父母与子女、友谊、政治机构与经济机构、幸福。

因为这些问题实在是太常见了，而且每个人的人生中都会遇到的，所以我们并不是能够特别地感受到它们的存在，正如我们平常并不会感觉到空气的存在、胃的消化一样。正因为此，对绝大多数的人来说，这些问题似乎本来并不是"问题"。

因为这不是问题，所以我们不会思考这样的问题，然而，问题并不因为我们没有关注它而不存在。

老问题依然存在，新问题排拃而来。

为什么会有越来越多的"丧偶式"的婚姻？如何看待"不婚族"，以及一些前所未见的婚姻形态？如何看待那些不生孩子"要潇洒"的"丁克族"？怎样看待生育危机？怎样搞好亲子关系？为什么我们手机里有那么多"联系人"却没有几个可以说得上三句话以上的朋友？为什么我们身边抑郁症患者越来越多？为什么世上会有人走上"不归路"？到底需不需要民营经济？民主制度是最理想的社会制度吗？等等。

我们就像波涛汹涌的海面上的一个小船，随风飘荡，在这风高浪急的时分，现在，我们所急切需要的是一个铁锚。

莫罗阿和罗素的著作虽给不出时代问题的全部答案，但毫无疑问，他们可以为我们提供一个重要的参考。

面对这些人生问题，莫罗阿与罗素探讨的方式、风格各异。莫罗阿凭其丰富的知识，严谨的分析，深邃的思想，对这些问题抽丝剥茧，寻根究底。罗素则自称"既无高深的哲理，也无渊博的征引"，只是将平情之道理加以归纳，并经由自己的经验和观察加以验证，确认行之有效。

他们的著作是疗治这个时代"精神疾病"的"一剂药石"，也是对误入歧路、甚至走上穷途的人们的"当头棒喝"。这便是今天我们还有必要重读他们的著作的重要原因。

三

他们给了我们很多及时的提示，这并不是说他们的见解有多高明和深刻，因为他们所说的我们并非不懂。

比如，关于朋友。朋友本当首先是一种不掺杂任何利害关系的心灵的相契。莫罗阿告诉我们友谊的"无利害观念"。他说："友谊永远不能成为一种交易。"可是，我们现在所面临的，与他之所云完全相反。对我们来说，友谊是建立在"交易"、互相利用的基础上的，简直已经达到了没有交易就没有友谊的程度。我们常说："在家靠父母，出门靠朋友"，问题就出在这个"靠"字上，朋友是为了有所"靠"，能"靠"的朋友有价值，值得交。我们又说，"无事不登三宝殿"，"有事有人，无事没人"。莫罗阿说："凡是用得到我们时来寻找我们，而在我们替他尽过了力后便不理我们的人，我们从来不当作朋友看待的。"

今天我们多的就是功利驱动的"朋友"，真正的朋友是没有计较的，他应当是这样的，你帮了你的朋友，不是为了得到他的感谢，你也不会存有任何虚荣的快感，他接受你的帮助，也是自然而然的，也并不必要有什么特别的不安。像马克思和恩格斯，鲁迅和许寿裳那样的朋友，才是真正的朋友。

这个道理我们何尝不知道，但我们今天似乎已经不知道什么是"友谊"了，这便是我们"'朋友'遍天下，相知无一人"的一个重要的原因。

又如，关于婚姻。婚姻是基于人类的本能的一种制度。虽然婚姻本身有着这样或那样的问题，但是没有了它却是万万不能的。莫罗阿认为时代混乱和强暴的重新抬头，正是"近代国家把组成纤维的基本细胞破坏了之故"。他说："凡是想统治人类的人，无论是谁，必得把简单本能这大概念时时放在心上，它是社会的有力的调节器。最新的世界，必须建筑于饥饿、愿欲、母爱等等上面，方能期以稳固。"他之所言可谓黄钟大吕，金玉良言。

那么，理想的婚姻是什么呢？莫罗阿称："在真正幸福的婚姻中，友谊必得与爱情融和一起。""婚姻绝非如浪漫底克的人们所想象的那样；而是建筑于一种本能之上的制度，且其成功的条件不独要有肉体的吸引力，且也得要有意志、耐心、相互的接受及容忍。由此才能形成美妙的坚固的情感，爱情、友谊、性感、尊敬等等的融和，唯有这方为真正的婚姻。"两性之间在思想上和生活方式上存在着如此巨大的差异，我们每个人的差异又是如此的不同，正因为此，夫妻双方须得正视彼此的差异，承认和尊重对方的趣味和爱好。以爱情加友情的方式经营婚姻，这样婚姻才能稳固和幸福。

再如，关于家庭。近年来，中国、世界面临着愈发严重的生育危机。2021年韩国以总和生育率0.81的数据，刷新了世界最低生育率的记录。联合国人口基金会关于世界人口状况的报告预估，2023年，印度人口会超过中国，并成为全球第一人口大国，中国向来就是全球人口最多的国家的历史已经过去了。中国有些省份人口出现"断崖式"下降。曾经一园难求的幼儿园出现了招生荒、关闭潮。2021年始，同年出生人口和高考报名人数出现逆差，2022年二者逆差翻了13.8倍。为了应对低生育率，中国长期以来奉行的计划生育政策从政策层面已经放开，有些地方已经开始补助三胎生育。专家们更是使出浑身解数，呼吁生育。有人建议"早婚早育"，有人呼吁"有实力有担当的人多生孩子"，有人称子女是"长周期的耐用消费品"，有人称"年轻人不生小孩是不对的"。但是这些招数，并没有阻挡人口出生急剧下降的现实。

罗素也说到西方随着女子教育的普及，职业女性经济的独立，由于担心养育孩子造成生活质量的下降，城市生活空间的局促和生活压力，民主思想下的父母和子女关系的变更所带来的烦恼等因素所导致的不愿意生育的现象。"白人的文明有一个奇怪的特征，就是越是吸收这种文明的男女，越是不生育。最文明的人最不生育，最不文明的人最多生育。"面对生育意愿低下，人口萎缩的现象，教士和政府也是苦口婆心，谆谆劝导。但这并不是促进生育的有效办法。

罗素从为人父母的"快乐"来谈生育问题。他说做父母，"在心理上是能够使人获得最大而最持久的幸福的。当然，这在女人方面比在男人方面更其真切，但对男人的真切，也远过于现代化多数人士所想象的程度。天伦之乐是现代以前的全部文学所公认的"。"以我个人来说，我觉得做父母的快乐大于我所曾经历的任何快乐。我相信，当环境诱使男人或女人割弃这种快乐时，必然留下一种非常深刻的需要不曾满足，而这又产生一种愤懑与骚乱，其原因往往无法知道。"他说生育赋予了生命的意义，人生的目的。"凡是让生育冲动萎缩的人，已把自己和生命的长流分离，而且冒着生命枯涸之险。对他们，除非特别超脱之辈，死亡就是结束一切。在他们以后的世界与他们不复关涉，因此他们觉得所作所为都是一片空虚而无足重轻。"罗素所提到的问题正是我们今天所遇到的问题，他对这些问题的看法值得我们认真思考。

像莫罗阿和罗素所说的这些"大道理"，我们何曾不知？只是现在却把它丢掉了，所以就忘记了，现一经重新提起，就觉得格外地切中肯綮。

四

他们所能贡献给大家的当然不只是"老生常谈"，他们怎么可能只说一些"老生常谈"的话呢？他们的敏锐的观察、深刻的体察，给我们带来了他们的"真知灼见"。如果说他们的"老生常谈"是"一杯醇酒"的话，那他们的"真知灼见"有如"一根辣条"。

罗素和莫罗阿都不约而同地讨论了什么样的因素使得人生不幸福，并告诉我们怎样才能谋得人生的幸福。致使不幸的因素有实在的灾祸、疾病、贫困和失败等因素，也有精神上的烦闷与兴奋、嫉妒、犯罪意识，畏惧舆论等因素。

莫罗阿就提到精神上的、想象中的痛苦，这是一种心造的不幸，也就是我们所说的"杞人忧天"。"一件灾祸未曾临到的形象，比着灾祸本身更加骇人，故恐怖的痛苦格外强烈，且亦更其无聊。疾病是残酷的；但看见别人患病而引起我们的害怕更残酷。"这种情形的确很多，比如：孩子担心父母将来可能死亡；看到别人的不幸而感同身受，由此担忧这种不幸会有朝一日降临在自己的身上；想到未来会面临种种想象中的挫折和失败。而这种想象中的痛苦比实际所承受的痛苦更为痛苦。"人生本身已够艰苦了，为何还要加之虚妄的惨痛的预感呢？"

因此，莫罗阿在幸福的秘诀中就让我们"不要想象那些遥远的无可预料的灾祸以自苦"。

又如，关于父母和子女的冲突，莫罗阿认为，父母和子女关系的紧张和冲突，主要是做父母的一味将他们曾经从亲身经历中所得来的经验强加于未经世事的孩子的头上。他认为经验只能从失败中、痛苦中得出，是要切身体会的，因此，经验几乎是不能传授的。"经验的唯一的价值，因为它是痛苦的结果，为了痛苦，经验在肉体上留下了痕迹，由此，把思想也转变了。这是实际政治家的失眠的长夜，和现实的苦斗；那末试问他怎么能把此种经验传授给一个以为毫不费力便可改造世界的青年理想家呢？一个成年人又怎么能使青年容受'爱情是虚幻的'这种说法呢？"

正因为经验的"不可传授性"，就会看到青年的反抗，成人的失望，于是矛盾和冲突就发生了。基于此，他要求父母能够设身处地的想想当初自己还是青年的时候的状况，避免因此而伤害孩子的思想、情操和性情。

"纸上得来终觉浅，绝知此事要躬行"。莫罗阿是站在孩子的立场，以宽容和理解的态度来分析父母与子女的冲突，认为经验只能从挫折中得出，不能从父母那里得到传授。这自然是有道理的。但我们却不能因此而否定经验的价值，我们常说"不听老人言，吃亏在眼前"，前人的经验就是为了后人"避坑"，任何一个父母都不愿意眼睁睁地看着孩子往坑里跳。

再如，罗素在分析人类最普遍、最深刻的恶德嫉妒时，他说到"嫉妒也是民主制度的基础"。因为嫉妒不能允许"凌架众人"的人的出现，用嫉妒的心理来解释民主制度颇为新鲜。喊出"不自由，毋宁死"，为了民众谋取幸福的罗兰夫人在我们看来不可谓不高尚。他竟然从嫉妒的角度这样分析罗兰夫人的崇高："但你去读她的回忆录时，就可发见使她成为这样一个热烈的民主主义者的，是她曾经在一个可能贵族的宫堡中被带到下房里接见。"这都是让人眼睛一亮的论述。当然，罗兰夫人的政治观念和行为是否确实根源于嫉妒，他的说法恐怕也只是一家之言。

罗素还说到嫉妒往往是产生于"关系中"。"它（嫉妒）主要是从来不在事情本身上看事情，而在它们的关系上着眼。""这山望着那山高"，嫉妒的人往往不会对自己所能得到的东西十分满足，他通常是要将之与他人的更好的东西做一番比较。他举例说："假定说，我赚着一笔可以满足我的需要的工资，我应该满意了，但我听见另一个我认为绝对不比我高明的人赚着两倍于我的薪金。倘我是一个有嫉妒气分的人，立刻，我本来的满足变得暗淡无光，不公平的感觉缠绕着我的心。"这就是我们所说的"人比人，气死人"，周瑜不就是因为老是和诸葛亮比较而气死的吗？而"救治这一切的病症，适当之法是培养精神纪律，即不作无益之想。"

五

思想不妨偏激，但指导人生却须切实。罗素称中庸之道是一种"乏味的学说"，"但在许多方面是真理"。这本书的一些观点平实公允，不偏不倚，可以说是"中庸之论"，亦可以说是"真理"。

莫罗阿在论经济制度和政治制度时便能持一种客观的立场，方能得出合理的结论。他认为理想的经济制度应当是"既非共产主义的，亦非资本主义的"。因为，"由国家单独统治的经济永远是勉强的"，与此同时，私有产业的利益也离不开一定的监督。

而理想的政治制度应当是"既不会是纯粹民主的，亦不会是纯粹集权的"。因为"没有一种民主政治可以不需威权，也没有一种独裁不得大多数被统治者的同意而能久存。""一个国家的形式，若能把行动的威力，尊重私人生活的态度，改换失时的制度以适应新环境的机能等，熔治得愈完满，其生命也愈持久。"惟有权衡较量，扬长避短，才能克服由偏执一端所带来的弊端。我们今天政治经济学者和政治学者的很多讨论，其实都还是以偏见打倒偏见，始终在偏见中打转。

和婚姻一样，基于一种自然的本能而形成的家庭亦有其两面性。它既"可歌可颂"，又"可恼可咒"；既"伟大"，又"烦恼"。家庭固然有其不愿意接纳外人的"封闭性"，有一种"使是什么都平等化的平凡性"，但是，"逃避家庭，即逃避那最初是自然的继而是志愿的结合，那无异是趋向另一种并不自然的生活，因为人是不能孤独地生活的"。

这些都是持平之论，公允之论。

六

时代在变，但是婚姻、家庭、友谊、幸福，这样的人生问题永远不变。

莫罗阿和罗素关于这些问题的精彩而切实的议论，对我们来说，有如"从山阴道上行，山川自相映发，使人应接不暇"（南朝·宋·刘义庆《世说新语·言语》）。笔者以为，与其浮光掠影、走马观花，不如平心静气、驻足赏玩。

陈占彪

2023年4月13日

目录

序 疗治时代"精神疾病"的"一剂药石"

人生问题

003　　论婚姻

031　　论父母与子女

051　　论友谊

073　　论政治机构与经济机构

093　　论幸福

幸福之路

119 **不幸福的原因**

121 什么使人不快乐?

130 浪漫底克的忧郁

145 竞争

153 烦闷与兴奋

161 疲劳

170 嫉妒

179 犯罪意识

189 被虐狂

199　　畏惧舆论

209　　**幸福的原因**

211　　快乐还可能么？

221　　兴致

232　　情爱

239　　家庭

253　　工作

260　　闲情

267　　努力与舍弃

274　　幸福的人

附录

281　　译者弁言(《人生五大问题》)

283　　原序(《人生五大问题》)

284　　译者弁言(《幸福之路》)

286　　序(《幸福之路》)

人生问题

值此人事剧变的时代，若将人类的行为加以观察，便可感到一种苦闷与无能的情绪。什么事情都好似由于群众犯了一桩巨大的谬误，而这群众却是大家都参与其内的……

论婚姻

值此人事剧变的时代，若将人类的行为加以观察，便可感到一种苦闷与无能的情绪。什么事情都好似由于群众犯了一桩巨大的谬误，而这群众却是大家都参与其内的，且大家都想阻止，指引这谬误，而实际上终于莫名其妙地受着谬误的行动的影响。普遍的失业呀，灾荒呀，人权剥夺呀，公开的杀人呀，生长在前几代的人，倒似乎已经从这些古代灾祸中解放出来了。在五十年中，西方民族曾避免掉这种最可悲的灾祸。为何我们这时代又要看到混乱与强暴重新抬头呢？这悲剧的原因之一，我以为是由于近代国家把组成纤维的基本细胞破坏了之故。

在原始的共产时代以后，一切文明社会的母细胞究竟是什么呢？在经济体系中，这母细胞是耕田的人借以糊口度日的小农庄，如果没有了这亲自喂猪养牛饲鸡割麦的农人，一个国家便不能生存。美洲正是一个悲惨的例子。它有最完美的工厂，最新式的机器，结果呢？一千三百万的失业者。为什么？因为这些太复杂的机器变得几乎不可思议了。人的精神追随不上它们的动作了。

并非美国没有农人，但它的巨大无比的农庄不受主人支配。堆积如山的麦和棉，教人怎能猜得到这些山会一下子变得太高了呢？小农家的生活是由数千年的经验和眼前的需要安排好的，每一群自给自食的农人都确知他们的需要，遇着丰年，出产卖得掉，那么很好，可以买一件新衣，一件外套，一辆自由车。遇着歉收，那么，身外的购买减少些，但至少有得吃，可以活命。这一切由简单的本能统治着的初级社会，联合起来便形成稳重的机轴，调节着一个国家的行动。经济本体如此，社会本体亦是如此。

一般改革家，往往想建造一种社会，使别种情操来代替家庭情操，例如国家主义，革命情操、行伍或劳工的友谊等。在或长或短的时间距离中，家庭必改组一次。从柏拉图到纪德①，作家尽可诅咒家庭，可不能销毁它。短时期内，主义的攻击把它压倒了。精神上却接着起了恐慌，和经济恐慌一样不可避免，而人类重复向自然的结合乞取感情，有如向土地乞取粮食一般。

凡是想统治人类的人，无论是谁，必得把简单本能这大概念时时放在心上，它是社会的有力的调节器。最新的世界，必须建筑于饥饿、愿欲、母爱等等上面，方能期以稳固。思想与行动之间的联合最难确立。无思想的行动是非人的②。不担承现实的重量的思想，则常易不顾困难。它在超越一切疆域之外，建立起美妙的但是虚幻的王国。它可以使钱币解体；可以分散财富；可以改造风化；可以解放爱情。但现

① 纪德（André Gide，一八六九——九五一），现代法国名作家。

② 即无人性的，不近人情的。

实没有死灭得那么快。不论是政治家或道德家，都不能把国家全部改造，正如外科医生不能重造人身组织一样。他们的责任，在于澄清现局，创造有利于回复健康的条件；他们都应得顾及自然律，让耐性的、确实的、强有力的生命，把已死的细胞神秘地重行构造。

在此，我们想把几千年来，好歹使人类不致堕入疯狂与混乱状态的几种制度加以研究。我们首先从夫妇说起。

拜伦有言："可怕的是：既不能和女人一起过生活，也不能过没有女人的生活。"从这一句话里他已适当地提出了夫妇问题。男子既不能没有女人而生活，那么什么制度才使他和女人一起生活得很好呢？是一夫一妻制么？有史以来三千年中，人类对于结婚问题不断地提出或拥护或反对的论据。拉伯雷①曾把这些意见汇集起来，在巴奴越(Panurge)向邦太葛吕哀(Pantagruel)征询关于结婚的意见的一章中，邦太葛吕哀答道：

> "既然你掷了骰子，你已经下了命令，下了坚固的决心，那么，再也不要多说，只去实行便是。"
>
> "是啊，"巴奴越说，"但没有获得你的忠告和同意之前，我不愿实行。"
>
> "我表示同意，"邦太葛吕哀答道，"而且我劝你这样做。"
>
> "可是，"巴奴越说，"如果你知道最好还是保留我的现状，不要翻什么新花样，我更爱不要结婚。"

---

① 拉伯雷(François Rabelais，一四八三？——五五三），法国名作家。

"那么，你便不要结婚。"邦太葛吕哀答道。

"是啊，但是，"巴奴越说，"这样你要我终生孤独没有伴侣么？你知道所罗门(Solomon)经典上说：孤独的人是不幸的。单身的男子永远没有像结婚的人所享到的那种幸福。"

"那么天啊！你结婚便是。"邦太葛吕哀答道。

"但，"巴奴越说，"如果病了，不能履行婚姻的义务时，我的妻，不耐烦我的憔悴，看上了别人，不但不来救我的急难，反而嘲笑我遭遇灾祸(那不是更糟)，窃盗我的东西，好似我常常看到的那样，岂不使我完了么？"

"那么你不要结婚便是。"邦太葛吕哀回答。

"是啊，"巴奴越说，"但我将永没有嫡亲的儿女，为我希望要永远承继我的姓氏和爵位的，为我希望要传给他们遗产和利益的。"

"那么天啊，你结婚便是。"邦太葛吕哀回答。

在雪莱的时代，有如拉伯雷的时代一样，男子极难把愿欲①、自由不羁的情操，和那永久的结合——婚姻——融和一起。雪莱曾写过："法律自命能统御情欲的不规则的动作：它以为能令我们的意志抑制我们天性中不由自主的感情。然而，爱情必然跟踪着魅惑与美貌的感觉；它受着阻抑时便死灭了；爱情真正的原素只是自由。它与服从、嫉妒、恐惧，都是不两立的。它是最精纯的最完满的。沉浸在爱情中的

① 本文所言愿欲大抵皆指性本能。

人，是在互相信赖的而且毫无保留的平等中生活着的。"

一百年后，萧伯纳重新提起这问题时说，如果结婚是女子所愿欲的，男子却是勉强忍受的。他的《唐璜》(*Don Juan*)①说："我对女人们倾诉的话，虽然受人一致指责，但却造成了我的妇孺皆知的声名。只是她们永远回答说，如果我进行恋爱的方式是体面的，她们可以接受。我推敲为何要有这种限制，结果我懂得：如果她有财产，我应当接受，如果她没有，应当把我的贡献给她，也应当欢喜她交往的人及其谈吐，直到我老死，而且对于一切别的女人都不得正眼瞧视。我始终爽直地回答，说我一点也不希望如此，如果女人的智慧并不和我的相等或不比我的更高，那么她的谈吐会使我厌烦，她交往的人或竟令我不堪忍受，我亦不能预先担保我一星期后的情操，更不必说终生了，我的提议和这些问题毫无关系，只凭着我趋向女性的天然冲动而已。"

由此可见反对结婚的人的中心论据，是因为此种制度之目的，在于把本性易于消灭的情绪加以固定。固然，肉体的爱是和饥渴同样的天然本能，但爱之恒久性并非本能啊。如果，对于某一般人，肉欲必须要变化，那么，为何要有约束终生的誓言呢②？

也有些人说结婚足以减少男子的勇气与道德的力量。吉卜林（Kipling）在《凯芝巴族的历史》中叙述凯芝巴大尉，因为做了好丈夫而变成坏军官。拿破仑曾言："多少男子的犯罪，只为他们对于女人示弱之故！"白里安坚谓政治家永远不应当结婚。"看事实罢，"他说，"为何我能在艰难的历程中，长久保持我清明的意志？因为晚上，在奋斗

① 系萧氏名作之一。
② 系指婚姻而言。

了一天之后，我能忘记；因为在我身旁没有一个野心勃勃的嫉妒的妻子，老是和我提起我的同僚们的成功，或告诉我人家说我的坏话……这是孤独者的力量。"婚姻把社会的痛狂加厚了一重障蔽，使男子变得更懦怯。

即是教会，虽然一方面赞成结婚比蓄妾好，不亦确言独身之伟大而限令它的传教士们遵守么？伦理家们不是屡言再没有比一个哲学家结婚更可笑的事么？即令他能摆脱情欲，可不能摆脱他的配偶。人家更谓，即令一对配偶间女子占有较高的灵智价值，上面那种推理亦还是对的，反对结婚的人说："一对夫妇总依着两人中较为庸碌的一人的水准而生活的。"

这是对于婚姻的攻击，而且并非无力的；但事实上，数千年来，经过了多少政治的宗教的经济的骚乱剧变，婚姻依旧存在，它演化了，可没有消灭。我们且试了解它所以能久存的缘故①。

生存本能，使一切人类利用他人来保障自己的舒适与安全，故要驯服这天然的自私性格，必得要一种和它相等而相反的力量。在部落或氏族相聚而成的简单社会中，集团生活的色彩还很强烈，游牧漂泊的本能，便是上述的那种力量。但疆土愈广，国家愈安全，个人的自私性即愈发展。在如此悠久的历史中，人类之能建造如此广大如此复杂的社会，只靠了和生存本能同等强烈的两种本能，即性的本能与母性的本能。必须一个社会是由小集团组成的，利他主义方易见诸实现，

① 以下所述，可参看孔德（Auguste Comte）著：*Politique Positive*（卷二卷三）；*Théorie Positive de la Famille*。——原注

因为在此，利他主义是在欲愿或母性的机会上流露出来的。"爱的主要优点，在于能把个人宇宙化①。"

但在那么容易更换对象的性本能上面，如何能建立一种持久的社会细胞呢？爱，令我们在几天内容受和一个使我们欢喜的男人或女子共同生活，但这共同生活，不将随着它所由产生的愿欲同时消灭么？可是解决方案的新原素便在于此。"婚姻是系着于一种本能的制度。"人类的游牧生活，在固定的夫妇生活之前，已具有神妙的直觉，迫使人类在为了愿欲之故而容易发誓的时候发了誓，而且受此誓言的拘束。我们亦知道在文明之初，所谓婚姻并非我们今日的婚姻，那时有母权中心社会，多妻制及一妻多夫制社会等。但时间的推移，永远使这些原始的形式，倾向于担保其持久性的契约，倾向于保护女子之受别的男人欺凌；保幼、养老，终于形成这参差的社会组织，而这组织的第一个细胞即是夫妇。

萧伯纳的唐璜说："社会组织与我何干？我所经意的只是我自身的幸福盖于我个人人生之价值，即在永远有'传奇式的未来'之可能性；这是欲愿和快乐的不息的更新；故毫无束缚可言。"那么，自由的变换是否为幸福必不可少的条件？凡是享有此种生活的人，比他人更幸福更自由么？"造成卡萨诺瓦②与拜伦的，并非本能。而是一种恼怒了的想象，故意去刺激本能。如果唐璜之辈只依着愿欲行事，他们亦不

---

① 见 D. H. Lawrence：*Fantaisie de l'Inconscient*。——原注

② 卡萨诺瓦（Giacomo Girolamo Casanova，一七二五——一七九八），意大利教士、作家、间谍、外交官。以冒险和放浪形骸著名。

会有多少结合的了①。"

唐璜并非一个不知廉耻的人，而是失望的感伤主义者。"唐璜自幼受着诗人画家音乐家的教养，故他心目中的女子亦是艺术家们所感应他的那一种，他在世界上访寻他们所描写的女人，轻盈美妙的身体，晶莹纯洁的皮肤，温柔绮丽，任何举止都是魅人的，任何言辞都是可爱的，任何思想都是细腻入微的。"换一种说法，则假若唐璜（或说是太爱女人的男子）对于女子不忠实②，那也并非他不希望忠实，而是因为他在此间找不到一个和他心目中的女子相等的女子之故。拜伦亦在世界上寻访一个理想的典型：温柔的女人，有羚羊般的眼睛，又解人又羞怯，天真的，贤淑的，肉感的而又贞洁的；是他说"聪明到能够钦佩我，但不致聪明到希望自己受人钦佩"的女子。当一个女人使他欢喜时，他诚心想她将成为他的爱人，成为小说中的女主人，女神。等他认识较深时，他发现她和其他的人类一样，受着兽性的支配，她的性情亦随着健康而转移，她也饮食（他最憎厌看一个女人饮食），她的羚羊般的眼睛，有时会因了嫉妒而变得十分狂野，于是如唐璜一般，拜伦逃避了。

但逃避并不曾把问题解决。使婚姻变得难于忍受的许多难题（争执、嫉妒、趣味的歧异），在每个结合中老是存在。自由的婚姻并不自由。你们记得李斯特③和阿古夫人（Marie d'Agoult）的故事么？你们

---

① 见D. H. Lawrence：*Femmes Amoureuses*。——原注

② 即男子对于女子不贞。

③ 李斯特（Franz Liszt，一八一一——一八八六），十九世纪匈牙利钢琴家、作曲家。

也可重读一次《安娜小史》①中,安娜借龙斯基私逃的记述。龙斯基觉得比在蜜月中的丈夫更受束缚,因为他的情人怕要失去他②。多少的言语行动举止,在一对结了婚的夫妇中间是毫无关系的,在此却使他们骚乱不堪。因为这对配偶之间没有任何联系,因为两个人都想着这可怕的念头："是不是完了?"龙斯基或拜伦,唯有极端忍心方得解脱。他应当逃走。但唐璜并非忍心的人。他为逃避他的情人而不使她伤心起见,不得不勉强去出征土耳其。拜伦因为感受婚姻的痛苦,甚至希望恢复他的结合,与社会讲和。当然,且尤其在一个不能离婚的国家中,一个男人和一个女子很可能因了种种原因不得不和社会断绝关系,他们没有因此而不感痛苦的。

往往因了这个缘故,唐璜(他的情人亦如此)发现还是在婚姻中男子和女子有最好的机会,可以达到相当完满的结合。在一切爱的结合之初,愿欲使男女更能互相赏识,互相了解。但若没有任何制度去支撑这种结合,在第一次失和时便有解散的危险。"婚姻是历时愈久缔结愈久的唯一的结合"③。一个结了婚的男子(指幸福的婚姻而言),因为对于一个女子有了相当的认识,因为这个女子更帮助他了解一切别的女子,故他对于人生的观念,较之唐璜更深切更正确。唐璜所认识的女子只有两种：一是敌人,二是理想的典型。蒙泰朗④在《独身者》一书中,极力描写过孤独生活的人的无拘束,对于现实世界的愚昧,他

① 系托尔斯泰名著《安娜·卡列尼娜》。
② 即她怕他不爱她。
③ 阿兰语。——原注
④ 蒙泰朗(Henry de Montherlant,一八九六——九七二),法国小说家、剧作家。

的狭隘的宇宙，"有如一个系着宽紧带的球，永远弹回到自身"。凡是艺术家，如伟大的独身者巴尔扎克、司汤达①、洛弗贝、普鲁斯特②辈所能避免的缺点——如天真可笑的自私主义与怪僻等，一个凡庸之士便避免不了。艺术家原是一个特殊例外的人，他的一生，大半消磨于想象世界中而不受现实律令的拘束，且因为有自己创造的需要而使本能走向别的路上去③，姑且丢开他们不论，只是对于普通人，除了婚姻以外，试问究竟如何才是解决问题的正办?

漫无节制的放纵么？一小部分的男女试着在其中寻求幸福。现代若干文人也曾描绘过这群人物，可怪的是把他们那些模型加以研究之后，发觉这种生活亦是那么可怕，那么悲惨。恣意放纵的人不承认愿欲是强烈而稳固的情操。机械的重复的快乐一时能帮助他忘掉他的绝望，有如鸦片或威士忌，但情操决非从抽象中产生出来的，亦非自然繁殖的，恣意放纵的人自己以为没有丝毫强烈的情操，即或有之，亦唯厌生求死之心，这是往往与放浪淫逸相附而来的。"在纵欲方面的精炼并不产生情操上的精炼……幻想尽可发明正常性接触以外的一切不可能的变化，但一切变化所能产生的感情上的效果总是一样：便是屈辱下贱的悲感④。"

---

① 司汤达(Stendhal，一七八三——一八四二)，法国十九世纪大作家，首以心理分析著名。

② 普鲁斯特(Marcel Proust，一八七一——一九二二)，法国小说家。

③ "英国三个最大的诗人，雪莱，布莱克，弥尔顿，都曾愿望一夫多妻制。这虽是奇怪却并不见得令人惊异的事。一种才具自有他的绝对的主见；一个艺术家不由自主地以为他的第一件责任是对于艺术的责任，如果他关心艺术以外的事，便是错误，除非这以外的事实在特别重要。"(见 Aldous Huxley: *Textes et Prétextes*)。——原注

④ 见 Aldous Huxley: *Proper Studies*。——原注

更新换旧式的结合么？那我们已看到这种方式如何使问题益增纠纷；它使男人或女人在暮年将临的时光孤独无伴，使儿童丧失幸福。一夫多妻制么？则基于此种制度的文明常被一夫一妻制的文明所征服。现代的土耳其亦放弃了多妻制，它的人民在体格上在精神上都因之复兴了。自由的婚姻么①？合法的乱交么？则我们不妨研究一下俄国近几年来的风化演变。革命之初，许多男女想取消婚姻，或把婚姻弄得那么脆弱，使它只留一个制度上的名词。至今日，尤其在女子的影响之下，持久的婚姻重复诞生了。在曼奈（Mehnert）《比论俄罗斯青年界》一书中，我们读到一般想避免婚姻的两性青年们所营的共同生活的故事。其中一个女子写信给她的丈夫说："我要一种个人的幸福，小小的，简单的，正当的幸福。我希望在安静的一隅和你一起度日。我们的集团难道不懂得这是人类的一种需要么？"吾人所有关于叙述现代俄罗斯的感情生活的记载，都证明这"人类的需要"已被公认了。

还有什么别的解决法么？探求合法结合的一种新公式么？在美洲有一位叫作林赛（Lindsay）的推事，曾发明一种所谓"伴侣式"结合。他提议容许青年男女作暂时的结合，等到生下第一个孩子时，才转变为永久的联系。但这亦犯了同样的错误，相信可以智慧地运用创造出种种制度。法律只能把风化予以登录，却不能创造风化。实际上，似乎一夫一妻制的婚姻，在有些国家中加以离婚的救济，在有些国家中由于不贞的调剂，在我们西方社会中，成为对于大多数人不幸事件发

---

① 系指男女在结婚以后，在性的关系上在结合的久暂上各有相当的自由而言。

生最少的解决法。

可是人们怎样选择他终生偕老的对手呢？先要问人们选择不选择呢？在原始社会中，婚姻往往由俘房或购买以定。强有力的或富有财的男人选择，女子被选择。在十九世纪时的法国，大多数的婚姻是安排就的，安排的人有时是教士们，有时是职业的媒人，有时是书吏，最多是双方的家庭。这些婚姻，其中许多是幸福的。桑塔亚纳①说："爱情并不如它本身所想象的那么苛求，十分之九的爱情是由爱人自己造成的，十分之一才靠那被爱的对象。"如果因了种种偶然之故，一个求爱者所认为独一无二的对象从未出现，那么，差不多近似的爱情也会在别一个对象身上感到。热烈的爱情常会改变人物的真面目。过于狂热的爱人对于婚姻期望太奢，以致往往失望。美国是恋爱婚姻最多的国家，可亦是重复不已的离婚最盛的国家。

巴尔扎克在《两个少妇的回忆录》中描写两种婚姻的典型，这描写只要把它所用的字汇与风格改换一下，那么在今日还是正确的。两个女主人中的一个，勒妮（Renée de l'Estorade）代表理智，她在给女友的信中写道："婚姻产生人生，爱情只产生快乐。快乐消灭了，婚姻依旧存在；且更诞生了比男女结合更可宝贵的价值。故欲获得美满的婚姻，只须具有那种对于人类的缺点加以宽恕的友谊便够。"勒妮，虽然嫁了一个年纪比她大而她并不爱的丈夫，终于变得极端幸福。反之，她的女友路易丝（Louise de Chaulieu）虽然是由恋爱而结婚的，却因过

---

① 桑塔亚纳（George Santayana，一八六三——一九五二），西班牙哲学家、小说家、学者。

度的嫉妒，把她的婚姻生活弄得十分不幸，并以嫉妒而置丈夫于死地，随后自己亦不得善果。巴尔扎克的论见是：如果你联合健康、聪明、类似的家世、趣味、环境，那么只要一对夫妇是年轻康健的，爱情自会诞生。"这样，墨菲斯托菲里斯（Méphistophélès）①说，你可在每个女人身上看到海伦（Hélène）②。"

事实上，大战以来，如巴尔扎克辈及其以后的二代所熟知的"安排就的"婚姻，在法国有渐趋消灭以让自由婚姻之势。这是和别国相同的。可是为何要有这种演化呢？因为挣得财富保守财富的思想，变成最虚妄最幼稚的念头了。我们看到多少迅速的变化，多少出人意料的破产，中产者之谨慎小心，在此是毫无用处了。预先周张的原素既已消失，预先的周张便无异痴想。加之青年人的生活比以前自由得多，男女相遇的机会也更容易。衣资与身家让位了，取而代之的是美貌，柔和的性情，运动家式的亲矜等。

是传奇式的婚姻么？不完全是。传奇式的结晶特别对着不在目前的女子而发泄的。流浪的骑士是传奇式的人物，因为他远离他的美人；但今日裸露的少女，则很难指为非现实的造物。我们的生活方式倾向于鼓励欲愿的婚姻，欲愿的婚姻并不必然是恋爱的婚姻。这是可惋惜的么？不一定。血性有时比思想更会选择。固然，要婚姻美满，必须具备欲愿以外的许多原素，但一对青年如果互相感到一种肉体的吸引，确更多构造共同生活的机会。

"吸引"这含义浮泛的名词，能使大家怀有多少希望。"美"是一个

---

① 系《浮士德》剧中人物。

② 系希腊神话中的美女，在譬喻中不啻吾国之西施。

相对的概念。"它存在于每个赏识'美'的人的心目中。"某个男人，某个女子，认为某个对手是美的，别人却认为丑陋不堪。灵智的与道德的魅力可以加增一个线条并不如何匀正的女子的妩媚。性的协和并不附带于美，而往往是预感到的。末了，还有真实的爱情，常突然把主动者与被动者同时变得极美。一个热恋的人，本能地会在他天然的优点之外，增加许多后天的魅力。鸟儿歌唱，有如恋人写情诗。孔雀开屏，有如男子在身上装饰奇妙的形与色。一个网球名手，一个游泳家，自有他的魅力。只是，体力之于我们，远不及往昔那么重要，因为它已不复是对于女子的一种安全保障。住院医生或外交官的会试，代替了以前的竞武角力。女子亦采用新的吸引方法了。如果我看到一个素来不喜科学的少女，突然对于生物学感到特别兴趣时，我一定想她受着生物学者的鼓动。我们亦看到一个少女的读物往往随着她的倾向而转变，这是很好的。再没有比精神与感觉的同时觉醒更自然更健全的了。

但一种吸引力，即使兼有肉体与灵智两方面，还是不足造成美满的婚姻。是理智的婚姻呢抑爱情的婚姻？这倒无关紧要。一件婚姻的成功，其主要条件是：在订婚期内，必须有真诚的意志，以缔结永恒的夫妇。我们的前辈以金钱结合的婚姻所以难得是真正的婚姻的缘故，因为男子订婚时想着他所娶的是奁资，不是永久的妻子，"如果他使我厌烦，我可以爱别的"。以欲愿缔结的婚姻，若在未婚夫妇心中当作是一种尝试的经验，那么亦会发生同样的危险。

"每个人应当自己默誓，应当把起伏不定的吸引力永远固定"，"我和她或他终生缔结了；我已选定了；今后我的目的不复是寻访使我欢喜的人，而是要使我选定的人欢喜"。想到这种木已成舟的念头，固然觉得可怕，但唯有这木已成舟的定案才能造成婚姻啊。如果誓约不是绝对的，夫妇即极少幸福的机会，因为他们在第一次遇到的阻碍上和共同生活的无可避免的困难上，即有决裂的危险。

共同生活的困难常使配偶感到极度的惊异。主要原因是两性之间在思想上在生活方式上天然是冲突的。在我们这时代，大家太容易漠视这些根本的异点。女子差不多和男子作同样的研究；她们执行男人的职业，往往成绩很好；在许多国家中，她们也有选举权，这是很公道的。这种男女间的平等，虽然发生极好的效果，可是男人们不应当因之忘记女人终究是女人。孔德①对于女性所下的定义，说她是感情的动物，男子则是行动的动物。在此我们当明白，对于女子，"思想与肉体的关联比较密切得多。""女人的思想远不及男人的抽象。"

男人爱构造种种制度，想象实际所没有的世界，在思想上改造世界，有机会时还想于行动上实行。女子在行动方面的天赋便远逊了，因为她们有意识地或无意识地潜心于她的主要任务，先是爱情，继而是母性。女人是更保守，更受种族天性的感应。男子有如寄生虫，有如黄蜂，因为他没有多大的任务，却有相当的余力，故发明了文明、艺术，与战争。男人心绪的转变，是随着他对外事业之成败而定的。女人心绪的转变，却是和生理的动作关联着的。浑浑噩噩的青年男子，则其心绪的变化，常有荒诞、怪异、支离、拗执的神气；巴尔扎克尝言，年轻的丈夫令人想到沐猴而冠的样子。

---

① 孔德（Auguste Comte，一七九八——一八五七），法国十九世纪实证主义派哲学家。

女人亦不懂得行动对于男子的需要。男子真正的机能是动，是狩猎，是建造，做工程师、泥水匠、战士。在婚后最初几星期中，因为他动了爱情，故很愿相信爱情将充塞他整个的生命。他不愿承认他自己固有的烦闷。烦闷来时，他寻求原因。他怨自己娶了一个病人般的妻子，整天躺着，不知自己究竟愿望什么。可是女人也在为了这个新伴侣的骚动而感到痛苦。年轻的男子，烦躁地走进一家旅馆：这便是蜜月旅行的定型了。我很知道，在大半情形中，这些冲突是并不严重的，加以少许情感的调剂，很快便会平复。但这还得心目中时常存着挽救这结合的意志，不断地互相更新盟誓才行。

因为什么也消灭不了性格上的深切的歧异，即是最长久最美满的婚姻也不可能。这些异点可被接受，甚至可被爱，但始终存在。男子只要没有什么外界的阻难可以征服时便烦闷。女人只要不爱了或不被爱了时便烦闷。男人是发明家：他倘能用一架机器把宇宙改变了便幸福。女人是保守者：她倘能在家里安安静静做些古老的简单的工作便幸福。即是现在，在数千万的农家，在把机器一会儿拆一会儿装的男人旁边，还有女人织着绒线，摇着婴孩睡觉。阿兰①很正确地注意到，男子所造的一切都带着外界需要的标识，他造的屋顶，其形式是与雨雪有关的；阳台是与太阳有关的；舟车的弧线是由风与浪促成的。女子的一切作业则带着与人体有关的唯一的标识。靠枕预备人身凭倚，镜子反映人形。这些都是两种思想性质的简单明了的标记。

男人发明主义与理论，他是数学家、哲学家、玄学家。女子则完全

---

① 阿兰（Alain，一八六八——九五一），现代法国哲学家。

沉浸于现实中，她若对于抽象的主义感到兴趣，亦只是为了爱情（如果那主义即是她所喜欢的男人的主义），或是为了绝望之故（如果她被所爱的男子冷淡）。即以斯塔尔夫人①而论，一个女哲学家，简直是绝了女人的爱情之路。最纯粹的女性的会话，全由种种故事、性格的分析，对于旁人的议论，以及一切实际的枝节组成的。最纯粹的男性的会话却逃避事实，追求思想。

一个纯粹的男子，最需要一个纯粹的女子去补充他，不论这女子是他的妻，是他的情妇，或是他的女友。因了她，他才能和种族这深切的观念保持恒久的接触。男人的思想是飞腾的。它会发现无垠的天际，但是空无实质的。它把"词句的草秆当作事实的谷子"。女人的思想老是脚踏实地的：它每天早上都是走的同样的路，即是女人有时答应和丈夫一起到空中去绕个圈子，她也要带一本小说，以便在高处也可找到人类、情操，和多少温情。

女子的不爱抽象观念，即是使她不涉政治的理由么？我以为若果女人参与政治而把其中的抽象思想加以驱除时，倒是为男子尽了大力呢。实用的政治，与治家之道相去不远；至于有主义的政治却是那么空洞、模糊、危险。为何要把这两种政治混为一谈呢？女人之于政治，完全看作乐观的问题与卫生问题。男人们即是对于卫生问题也要把它弄成系统问题，自尊自傲问题。这是胜过女人之处么？最优秀的男子忠于思想；最优秀的女子忠于家庭。如果为了政党的过失以致生活程度高涨，发生战争的危险时，男人将护卫他的党派；女人将保障和平

---

① 斯塔尔夫人（Madame de Staël，一七六六——八一七），法国浪漫派女作家，文艺理论家。

与家庭，即是因此而改易党派亦在所不惜。

但在这个时代，在女子毫不费力地和男子作同样的研究，且在会考中很易战败男子的时代，为何还要讲什么男性精神女性精神呢？我们已不是写下面这些句子的世纪了："人家把一个博学的女子看作一件美丽的古董，是书房里的陈设，可毫无用处。"当一个住院女医生和她的丈夫——亦是医生——谈话时，还有什么精神上的不同？只在于一个是男性、一个是女性啊！一个少女，充其量，能够分任一个青年男子的灵智生活。处女们是爱研究斗争的。恋爱之前的瓦尔姬丽（Valkyrie）①是百屈不挠的，然而和齐格弗里德（Siegfried）②相爱以后的瓦尔姬丽呢？她是无抵抗的了，变过了。一个现代的瓦尔姬丽，医科大学的一个女生，和我说："我的男同学们，即在心中怀着爱情方面的悲苦时，仍能去诊治病人，和平常一样。但是我，如果我太不幸了的时候，我只能躺在床上哭。"女人只有生活于感情世界中才会幸福。故科学教她们懂得纪律亦是有益的。阿兰有言："人类的问题，在于使神秘与科学得以调和，婚姻亦是如此。"

女子能够主持大企业，其中颇有些主持得很好。但这并不是使女子感到幸福的任务。有一个在这种事业上获得极大的成功的女子对人说："你知道我老是寻访的是什么？是一个能承担我全部事业的男人，而我，我将帮助他。啊！对于一个我所爱的领袖，我将是一个何等样的助手！……"的确，我们应当承认她们是助手而不是开辟天地的

---

① 系瓦格纳歌剧中之女英雄。

② 系瓦格纳歌剧中之男英雄。

创造者。人家可以举出乔治·桑,勃朗特姊妹(Brontë)①、艾略特②、诺阿叶夫人③、曼殊斐儿……以及生存在世的若干天才女作家。固然不错，但你得想想女子的总数。不要以为我是想减低她们的价值。我只是把她们安放在应该安放的位置上。她们和现实的接触，比男人更直接，但要和顽强的素材对抗、奋斗——除了少数例外——却并非她们的胜长。艺术与技巧，是男性过剩的精力的自然发泄。女人的真正的创造却是孩子。

那些没有孩子的女子呢？但在一切伟大的恋爱中间都有母性存在。轻佻的女人固然不知道母性这一回事，可是她们亦从未恋爱过。真正的女性爱慕男性的"力"，因为她们稳知强有力的男子的弱点。她们爱护男人的程度，和她受到爱护的程度相等。我们都知道，有些女人，对于她所选择的所改造的男子，用一种带着妒意的温柔制服他们。

那些不得不充任男人角色的女子，其实还是保持着女性的立场。英后维多利亚(Queen Victoria)并非一个伟大的君王，而是一个化装了的伟大的王后。迪斯累里和罗斯伯里④固然是她的大臣，但一部分是她的崇拜者，一部分是她的孩子。她想着国事有如想着家事，想着欧洲的冲突有如想着家庭的口角。"你知道么？"她和罗斯伯里说，"因为是

---

① 系英国十九世纪三女作家。

② 艾略特(George Eliot，一八一九——一八八〇)，英国维多利亚时代杰出的女小说家之一，Mary Ann Evans 之笔名。

③ 诺阿叶夫人(Anna de Noailles，一八七六——九三三)，法国现代女诗人。

④ 迪斯累里(Benjamin Disraeli，一八〇四——一八八一)，英国政治家和小说家，两度任首相。罗斯伯里(Rosbery，一八四七——一九二九)，英国政治家，一八九四至一八九五曾任首相。

一个军人的女儿，我对于军队永远怀有某种情操。"又向德皇说："一个孙儿写给祖母的信，应当用这种口气么？"①

我是说两性之中一性较优么？绝对不是。我相信若是一个社会缺少了女人的影响，定会堕入抽象，堕入组织的疯狂，随后是需要专制的现象，因为既没有一种组织是真的，势必致以武力行专制了，至少在一时期内要如此。这种例子，多至不胜枚举。纯粹男性的文明，如希腊文明，终于在政治、玄学、虚荣方面崩溃了。唯有女子才能把爱谈主义的黄蜂——男子，引回到蜂房里，那是简单而实在的世界。没有两性的合作，决没有真正的文明。但两性之间没有对于异点的互相接受，对于不同的天性的互相尊重，也便没有真正的两性合作。

现代小说家和心理分析家最常犯的错误之一，是过分重视性生活及此种生活所产生的情操。在法国如在英国一样，近三十年来的文学，除少数的例外，是大都市文学，是轻易获得的繁荣的文学，是更适合于女人的文学。在这种文学中，男人忘记了他的两大任务之一，即和别的男子共同奋斗，创造世界，"不是为你们的世界，亲爱的女人"，而是一个本身便美妙非凡的世界，男人会感到可以为这世界而牺牲一切，牺牲他的爱情，甚至他的生命。

女子的天性，倾向着性爱与母爱；男子的天性，专注于外界。两者之间固存着无可避免的冲突，但解决之道亦殊不少。第一，是创造者的男子的自私的统治。洛朗斯曾言："唤醒男子的最高感应的，决不

① 德皇威廉二世系维多利亚女王之外孙。

是女子。而是男子的孤寂如宗教家般的灵魂，使他超脱了女人，把他引向崇高的活动……耶稣说：'女人，你我之间有何共同之处？'凡男子觉得他的灵魂启示他何种使命何种事业的时候，便应和他的妻子或母亲说着同样的话。"

凡一切反抗家庭专制的男子，行动者或艺术家，便可以上述的情操加以解释或原恕。托尔斯泰甚至逃出家庭；他的逃避只是可怜的举动，因为在这番勇敢的行为之后，不久便老病以死；但在精神上，托尔斯泰早已逃出了他的家庭；在他的主义和生活方式所强制他的日常习惯之间，冲突是无法解救的。画家高更①抛弃了妻儿财产，独个儿到泰伊蒂岛（Tahiti）上过活，终于回复了他的本来。但托尔斯泰或高更的逃避是一种弱点的表现。真正坚强的创造者会强制他的爱人或家庭尊重他的创造。在歌德家中，没有一个女人曾统治过。每逢一个女子似乎有转变他真正任务的倾向时，歌德便把她变成固定的造像。他把她或是写成小说或是咏为诗歌，此后，便离开她了。

当环境使一个男子必须在爱情与事业（或义务）之间选择其一的时候，女人即感到痛苦，有时她亦不免抗拒。我们都稔悉那些当水手或士兵的夫妇，他们往往为了情操而把前程牺牲了。贝内特（Arnold Benett）以前曾写过一出可异的剧本，描写一个飞行家经过了不少艰难，终于取得了他所爱的女子。这女子确是一个杰出的人才，赋有美貌、智慧、魅力、思想，她在初婚时决心要享受美满的幸福。他们在山中的一家旅店中住下，度着蜜月，的确幸福了。但丈夫忽然得悉他的

① 高更（Paul Gauguin，一八四九——九〇三），法国后期印象派画家、雕塑家、版画复制家。

一个劲敌已快要打破他所造成的最得意的航空纪录。立刻，他被竞争心鼓动了，妻子和他谈着爱情，他一面听一面想着校准他的引擎。末了，当她猜到他希望动身时，她悲哀地嘟嘟地说："你不看到在我女人的生涯中，这几天的光阴，至少和你在男子生活中的飞行家的冒险同样重要么？"但他不懂得，无疑的，他也应该不懂得。

因为如果情欲胜过了他的任务，男子也就不成其为男子了。这便是参孙（Samson）的神话①，便是埃居尔（Hercule）跪在翁华尔（Omphale）脚下的故事②。一切古代的诗人都曾歌咏为爱情奴隶的男子。美丽的帕里斯（Paris）是一个恶劣的兵士③；嘉尔曼（Carmen）诱使她的爱人堕落；玛农（Manon）使她的情人屡次犯罪。即是合法的妻子，当她们想在种种方面支配丈夫的生活时，亦会变成同样可怕的女人。"当男子丧失了对于创造活动的深切意识时，他感到一切都完了，的确，他一切都完了。当他把女人或女人与孩子作为自己的生命中心时，他便堕入绝望的深渊"。一个行动者的男子只有在女人群中才感到幸福，决不是一种好现象。这往往证明他惧怕真正的斗争。威尔逊，那个十分骄傲的男子，不能容受人家的抵触与反抗，故他不得不遁入崇拜他的女性群中。和男子冲突时，他便容易发怒，这永远是弱的标识啊，真正强壮的男子爱受精神上的打击，有如古代英雄爱有刀剑

---

① 为希伯莱法官，以勇力过人著名。相传其勇力皆藏于长发中，后参孙恋一女名达丽拉（Dalila），伊乘参孙熟睡，将其长发剪去，自此遂失其勇。

② 为希腊神话中最有勇力之神，惹莉迪娅女后翁华尔，伊命其在膝下纺织为女工，埃居尔从之。

③ 希腊神话，帕里斯以美貌著名，恋美女海伦，携之以归，遂被希腊人围攻特洛伊城（Troie）。

的击触一样。

然而在一对幸福的配偶中，女子也自有她的地位和时间，"因为英雄并非二十四小时都是英雄的啊……拿破仑或其他任何英雄可以在茶点时间回家，穿起软底鞋，体味他夫人的爱娇，决不因此而丧失他的英雄本色。因为女人自有她自己的天地；这是爱情的天地，是情绪与同情的天地。每个男子也应得在一定的时间脱下皮靴，在女性宇宙中宽弛一下，纵情一下"。而且一个男子在白天离家处于男子群中，晚上再回到全然不同的另一思想境界中去，亦是有益的事。真正的女子决不妒忌行动、事务、政治生活或灵智生活；她有时会难受，但她会掩饰痛苦而鼓励男子。安德洛玛克（Andromaque）在埃克托（Hector）动身时忍着泪。她有她为妻的任务。

综合以上所述，我们当注意的是：不论一件婚姻是为双方如何愿望，爱情如何浓厚，夫妇都如何聪明，他俩至少在最初数天将遇到一个使他们十分惊异的人物。

可是初婚的时期，久已被称为"蜜月"。那时候，如果两人之间获得性生活方面的和谐，一切困难最初是在沉迷陶醉中遗忘的。这是男子牺牲他的朋友，女子牺牲她的嗜好的时期，在《约翰·克利斯朵夫》（*Jean-Christophe*）①中，有一段关于婚期的女子的很真实的描写，说这女子"毫不费力地对付抽象的读物，为她在一生任何别的时期中所难于做到的。仿佛一个梦游病者，在屋顶上散步而丝毫不觉得这是可

---

① 系罗曼·罗兰名作。

怕的梦。随后她看见屋顶，可也并未使她不安，她只自问在屋顶上做些什么，于是她回到屋子里去了。"

不少女人在几个月或几年之后回到自己屋子里去了。她们努力使自己不要成为自己，可是这努力使她支持不住。她们想着：

——我想跟随他，但我错误了。我原是不能这样做的。

男子方面，觉得充满着幸福，幻想着危险的行动。

拜伦所说的蜜月之后的"不幸之月"，便是如此造成的；这是狂热过度后的颓丧。怨偶形成了。有时夫妇间并不完全失和，虽然相互间已并不了解，但大家在相当距离内还有感情。有一次，一个美国女子和我解释这等情境，说：

——我很爱我的丈夫，但他住在一个岛上，我又住在另一个岛上，我们都不会游泳，于是两个人永远不相会了。

纪德曾言："两个人尽可过着同样的生活，而且相爱，但大家竟可互相觉得谜样的不可测！"

有时候这情形更严重，从相互间的不了解中产生了敌意。你们当能看到，有时在饭店里，一个男人，一个女子，坐在一张桌子前面，静悄悄的，含着敌意，互相用批评的目光瞪视着。试想这种幽密的仇恨，因为没有一种共同的言语而不能倾诉，晚上亦是同床异梦，一声不响地，男子只听着女子呻吟。

这是不必要的悲剧么？此外不是有许多幸福的配偶么？当然。但若除了若干先天构成的奇迹般的和谐之外，幸福的夫妇，只因为他们不愿任凭性情支配自己而立意要求幸福之故。我们时常遇到青年或老年，在将要缔婚的时候，因怀疑踌躇而来咨询我们。这些会话，老是可异地和巴奴越与邦太葛吕哀的相似。

——我应当结婚么？访问者问。

——你对于你所选择的他（或她）爱不爱呢？

——爱的，我极欢喜见到他（或她）；我少不了他（或她）。

——那么，你结婚便是。

——无疑的，但我对于缔结终生这事有些踌躇……因此而要放弃多少可能的幸福真是可怕。

——那么你不要结婚。

——是啊，可是这老年的孤寂……

——天啊，那么你结婚就是！

这种讨论是没有结果的。为什么？因为婚姻本身（除了少数幸或不幸的例外）是无所谓好坏的。成败全在于你。只有你自己才能答复你的问句，因为你在何种精神状态中预备结婚，只有你自己知道。"婚姻不是一件定局的事，而是待你去做的事。"

如果你对于结婚抱着像买什么奖券的念头："谁知道？我也许会赢得头彩，独得幸运……"那是白费的。实在倒应该取着艺术家创作一件作品时那样的思想才对。丈夫与妻子都当对自己说："这是一部并非要写作而是要生活其中的小说。我知道我将接受两种性格的异点，但我要成功，我也定会成功。"

假如在结婚之初没有这种意志，便不成为真正的婚姻。基督旧教的教训说，结婚的誓约在于当事人双方的约束，而并非在于教士的祝福；这是很好的思想。如果一个男人或女人和你说："我要结婚了……什么？才得试一试……如果失败，也就算了，总可有安慰的办法或者是离婚。"那你切勿迟疑，应得劝他不必结婚。因为这不是一件婚姻啊。即是具有坚强的意志，热烈的情绪，小心翼翼的谨慎，还是谁也不敢确有成功的把握，尤其因为这件事业的成功不只关系一人之故。但如果开始的时候没有信心，则必失败无疑。

婚姻不但是待你去做，且应继续不断把它重造的一件事。无论何时，一对夫妇不能懒散地说："这一局是赢得了，且休息罢。"人生的偶然，常有掀动波澜的可能。且看大战曾破坏掉多少太平无事的夫妇。且看两性在成年期间所能遭遇的危险。所以要每天重造才能成就最美满的婚姻。

当然，这里所谓每天的重造，并不是指无穷的解释，互相的分析与忏悔。关于这种危险，梅瑞狄斯（Meredith）与夏尔多纳（Chardonne）说得很对："过分深刻的互相分析，会引致无穷尽的争论。"故"重造"当是更简单更幽密的事。一个真正的女子不一定能懂得但能猜透这些区别，这种烦闷。她本能地加以补救。男子也知道，在某些情形中，一瞥、一笑，比冗长的说明更为有益。但不论用什么方法，总得永远重造。人间没有一样东西能在遗忘弃置中久存的，房屋被弃置时会坍毁，布帛被弃置时会腐朽，友谊被弃置时会淡薄，快乐被弃置时会消散，爱情被弃置时亦会溶解。应当随时草理屋顶，解释误会才好。否则仇恨会慢慢积聚起来，蕴藏在心灵深处的情操，会变成毒害夫妇生活的恶薮。一旦因了细微的口角，脓肠便会溃发，使夫妇中每个分子发现他自己在别一个人心中的形象而感到害怕。

因此，应当真诚，但也得有礼。在幸福的婚姻中，每个人应尊重对方的趣味与爱好。以为两个人可有同样的思想，同样的判断，同样的欲愿，是最荒唐的念头。这是不可能的，也是要不得的。我们说过，在蜜月时期，爱人们往往因了幻想的热情的幸福，要相信两个人一切都相似，终于各人的天性无可避免地显露出来。故阿兰曾言："如果要婚姻成为夫妇的安乐窝，必得要使友谊慢慢代替爱情。"代替么？不，比这更复杂。在真正幸福的婚姻中，友谊必得与爱情融和一起。友谊的坦白在此会发生一种宽恕和温柔的区别。两个人得承认他们在精神上、灵智上是不相似的，但他们愉快地接受这一点，而且两人都觉得这倒是使心灵上互相得益的良机。对于努力解决人间纠纷的男子，有一个细腻、聪明、幽密、温柔的女性在他身旁，帮助他了解他所不大明白的女性思想，实在是一支最大的助力。

所谓愿欲，虽然是爱情的根源，在此却不能成为问题。在这等结合中，低级的需要升华了。肉体的快乐，因了精神而变成超过肉体快乐远甚的某种境界的维持者。对于真正结合一致的夫妇，青春的消逝不复是不幸。白首偕老的甜蜜的情绪令人忘记了年华老去的痛苦。

拉罗什富科①曾有一句名言，说："尽有完满的婚姻，决无美妙的婚姻。"我却希望本文能指出人们尽可想象有美妙的。但最美妙的决不是最容易的。两个人既然都受意气、错误、疾病等等的支配，足以改变甚至弄坏他们的性情，共同生活又怎么会永远没有困难呢？没有冲突的婚姻，几与没有政潮的政府同样不可想象。只是当爱情排解了最初几次的争执之后，当感情把初期的愤怒化为温柔的、嬉戏似的宽容之后，也许夫妇间的风波将易于平复。

---

① 拉罗什富科（La Rochefoucauld，一六一三——一六八〇），法国伦理作家。

归结起来是：婚姻绝非如浪漫底克的人们①所想象的那样；而是建筑于一种本能之上的制度，且其成功的条件不独要有肉体的吸引力，且也得要有意志、耐心、相互的接受及容忍。由此才能形成美妙的坚固的情感，爱情、友谊、性感、尊敬等等的融和，唯有这方为真正的婚姻。

---

① 即热情的富于幻想的人。

论父母与子女

如果我要对于家庭问题有所说法，我定会引用瓦莱里①的名句："每个家庭蕴藏着一种内在的特殊的烦恼，使稍有热情的每个家庭分子都想逃避。但晚餐时的团聚，家中的随便、自由，还我本来的情操，确另有一种古代的有力的德性。"

我所爱于这段文字者，是因为它同时指出家庭生活的伟大与苦恼。一种古代的有力的德性……一种内在的特殊的烦恼……是啊，差不多一切家庭都蕴蓄着这两种力量。

试问一问小说家们，因为凡是人性的综合的集合的形象，必得向大小说家探访。巴尔扎克怎么？写高老头对于女儿们的关切之热烈，简直近于疯狂，而女儿们对他只是残酷冷淡；葛朗台（Grandet）一家，母女都受父亲的热情压迫，以至感到厌恶；勒格尼克（Le Guénic）家庭却是那么美满。莫里亚克②又怎么写？在 *Le Noeud de Vipères* 中，垂

---

① 瓦莱里（Paul Valéry，一八七——九四五），法国象征派诗人和理论家。

② 莫里亚克（François Mauriac，一八八五——九七〇），现代法国名小说家。

死的老人病倒在床上，听到他的孩子们在隔室争论着分析财产问题，争论着他的死亡问题：老人所感到的是悲痛；孩子们所感到的，是那些利害冲突而又不得不过着共同生活的人们的互相厌恶；但在 *Le Mystère Frontenac* 中，却是家庭结合的无可言喻的甘美，这种温情，有如一群小犬在狗窝里互偎取暖，在暖和之中又有互相信赖，准备抵御外侮的情操。

丢开小说再看实生活。你将发现同样的悲喜的交织：晚餐时的团聚，内在的特殊的烦恼……我们的记忆之中，都有若干家庭的印象，恰如瓦莱里所说的既有可歌可颂又有可恼可咒的两重性格。我们之中，有谁不曾在被人生创伤了的时候，到外省静寂的宽容的家庭中去寻求托庇？一个朋友能因你的聪慧而爱你，一个情妇能因你的魅力而爱你，但一个家庭能不为什么而爱你，因为你生长其中，你是它的血肉之一部。可是它比任何人群更能激你恼怒。有谁不在青年的某一时期说过："我感到窒息，我不能在家庭里生活下去了：他们不懂得我，我亦不懂得他们。"曼殊斐几十八岁时，在日记上写道："你应当走，不要留在这里！"但以后她逃出了家庭，在陌生人中间病倒了时，她又在日记上写道："想象中所唯一值得热烈景慕的事是，我的祖母把我安放在床上，端给我一大杯热牛奶和面包，两手交叉着站在这里，用她曼妙的声音和我说：'哦，亲爱的……这难道不愉快么？'啊！何等神奇的幸福。"

实际是，家庭如婚姻一样，是由本身的伟大造成了错综、繁复的一种制度。唯有抽象的思想才单纯，因为它是死的。但家庭并非一个立法者独断的创造物；而是自然的结果，促成此结果的是两性的区别，是儿童的长时间的幼弱，和由此幼弱促成的母爱，以及由爱妻爱子的情绪交织成的父爱。我们为研究上较有系统起见，先从这大制度的可贵的和可怕的两方面说起。

先说它的德性。我们可用和解释夫妇同样的说法，说家庭的力量，在于把自然的本能当作一种社会结合的凭借。联系母婴的情操是一种完全、纯洁、美满的情操。没有丝毫冲突。对于婴孩，母亲无异神明。她是全能的，若是她自己哺育他的话，她是婴儿整个欢乐整个生命的泉源。即使她只照顾他的话，她亦是减轻他的痛苦加增他的快乐的人，她是最高的托庇，是温暖，是柔和，是忍耐，是美。对于母亲那方面，孩子竟是上帝。

母性，有如爱情一样，是一种扩张到自己身外的自私主义，由此产生了忠诚的爱护。因了母爱，家庭才和夫妇一样，建筑于本能之上。要一个社会能够成立，"必须人类先懂得爱"①，而人类之于爱，往往从母性学来。一个女子对于男子的爱，常含有若干母性的成分。乔治·桑爱缪塞②么？爱肖邦（Chopin）么？是的，但是母爱的成分甚于性爱的成分。例外么？我不相信。如瓦朗夫人③，如贝尔尼夫人（Mme de Berny）……母性中久留不灭的成分，常是一种保护他人的需要。女人之爱强的男子只是表面的，且她们所爱的往往是强的男子的弱点（关于这点，可参阅萧伯纳的 *Candide* 和 *Soldat de Chocolat*）。

---

① 见 Alain：*Les Sentiments Familiaux*。——原注

② 缪塞（Alfred de Musset，一八一〇——一八五七），法国作家。

③ 瓦朗夫人（Madame de Warens，一七〇〇——一七六二），出生于瑞士的乐善好施的贵妇人，卢梭早年时的保护者兼情妇。

孩子呢？如果他有福分有一个真正女性的母亲，他亦会受了她的教海，在生命初步即懂得何谓毫无保留而不求酬报的爱。从母爱之中，他幼年便知道人间并不完全是敌害的，也有温良的接待，也有随时准备着的温柔，也有可以完全信赖而永不有何要求的人。这样开始的人生是精神上的极大的优益；凡是乐观主义者，虽然经过失败与忧患，而自始至终抱着信赖人生的态度的人们，往往都是由一个温良的母亲教养起来的。反之，一个恶母，一个偏私的母亲，对于儿童是最可悲的领导者。她造成悲观主义者，造成烦恼不安的人。我曾在《家庭圈》①中试着表明孩子和母亲的冲突，如何能毒害儿童的心魂。但太温柔太感伤的母亲也能发生很大的恶果，尤其对于儿子，使他太早懂得强烈的热狂的情操。司汤达（Stendhal）曾涉及这问题，洛朗斯的全部作品更和此有关。"这是一种乱伦，"他说，"这是比性的乱伦更危险的精神的乱伦，因为它不易被觉察，故本能亦不易感到其可厌。"关于这，我们在下文涉及世代关系及发生较缓的父亲问题时再行讨论。

既然我们试着列举家庭的德性和困难，且记住家庭是幼年时代的"爱的学习"。故我们虽然受到损害，在家庭中仍能感到特异的幸福。但这种回忆，并非是使我们信赖家庭的唯一的原因。家庭还是一个为我们能够显露"本来面目"（如瓦莱里所云）的处所。

这是一种重大的难得的德性么？我们难道不能到处显露"本来面目"么？当然不能。我们在现实生活中不得不扮演一个角色，采取一种态度。人家把我们当作某个人物。我们得尽官样文章般的职务，我

① 系莫罗阿氏所著小说名称。

们要过团体生活。一个主教，一个教授，一个商人，在大半的生涯中，都不能保有自己的本来面目。

在一个密切结合的家庭中，这个社会的角色可以减到最低限度。试想象家庭里晚间的情景：父亲，躺在安乐椅中读着报纸，或打瞌睡；母亲织着绒线，和大女儿谈着一个主妇生活中所能遇到的若干难题；儿子中间的一个，口里哼着什么调子，读着一本侦探小说；第二个在拆卸电插；第三个旋转着无线电周波轴，搜寻欧洲某处的演说或音乐。这是一切都不十分调和。无线电的声音，扰乱父亲的阅览或瞌睡；父亲的沉默，使母亲感到冷峻；母女的谈话，令儿子们不快。且他们也不想掩藏这些情操，礼貌在家庭中是难得讲究的。人们可以表示不满，发脾气，不答复别人的问话，反之，亦能表示莫名其妙的狂欢。家庭中所有的分子，都接受亲族的这些举动，且应当尽量地容忍。只要注意"熟习的"一词的双重意义，便可得到有益的教训①。一种熟习的局面，是常见的不足为奇的局面。人们讲起一个朋友时说，"他是一家人"时，意思是在他面前可以亲密地应付，亦即是可用在社会上被认为失礼的态度去应付。

刚才描写的那些人物，并非在家庭中感着陶醉般的幸福，但他们在其中觉得有还我自由的权利，确有被接受的把握，获得休息，且用莫里亚克的说法，"有一种令人温暖令人安心的感觉"。他们知道是处于互相了解的人群中，且在必要时会互相担负责任。如果这幕剧中的演员有一个忽然头痛了，整个蜂房会骚动起来。姑姑去铺床，母亲照顾

① familier 一词，作"亲密""熟习"解，但其语源，出于"家庭"（famille）一词。

着病人，兄弟中的一个到药房里去。受着病的威胁的个人在此是不会孤独的。没有了家庭，在广大的宇宙间，人会冷得发抖。在因为种种原因而使家庭生活减少了强度的国中（如美国、德国、战后的俄国），人们感有迫近大众的需要，和群众一起思维的需要。他们需要把自己的情操自己的生活，和千万人的密接起来，以补偿他们所丧失的这小小的、友爱的、温暖的团体。他们试着要重获原始集团生活的凝聚力，可是在一个巨大的民族中，这常是一件勉强而危险的事。

"连锁关系"且超出父母子女所形成的家庭集团以外，在古罗马族中，它不独联合着真正的亲族，且把联盟的友族、买卖上的主顾，及奴隶等等一起组成小部落。在现代社会中，宗族虽然没有那样稳定——因为组成宗族的家庭散布太广了——但还是相当坚固。在任何家庭中，你可以发现来历不明的堂兄弟，或是老处女的姑母，在家庭中过着幽静的生活。巴尔扎克的作品中，有堂兄弟邦，有姑母加丽德；在莫里亚克的小说中，也有叔叔伯伯。贝玑①曾着力描写那些政界中的大族，学界中的大族，用着极大的耐性去搜寻氏族中的职位、名号、勋位，甚至追溯到第四代的远祖。

我用氏族这名词。但在原始氏族，和在夏天排列在海滩上的我们的家庭之间，有没有区别呢？母亲在粗布制的篷帐下面，监护着最幼的孩子；父亲则被稍长的儿童们围绕着钓虾。这个野蛮的部落自有它的言语。在许多家庭中，字的意义往往和在家庭以外所用的不同。当地的土语令懂得的人狂笑不已，而外地的人只是莫名其妙。好多氏族

① 贝玑（Charles Péguy，一八七三——一九一四），法国近代神秘诗人、政论家。

对于这种含有神秘色彩的亲密感着强烈的快意，以至忘记了他们以外的世界。也有那些深闭固拒，外人无从闯入的家庭，兄弟姊妹们的童年生活关联得那么密切，以至他们永远分离不开。和外界的一切交际，于他们都是不可能的。即使他们结了婚，那些舅子、姨丈、妹倩、嫂子等始终和陌生人一样。除了极少数能够同化的例外，他们永不会成为家庭中之一员。他们不能享受纯种的人的权利，人家对于他们的态度也更严厉。

我们认识有些老太太们，认为世界上唯一有意义的人物，只是属于自己家庭的人物，而家庭里所有的人物都是有意义的，即是他们从未见过的人亦如此。这样家庭便堕入一种团体生活的自私主义中去了，这自私主义不但是爱，而是自卫，而是对外的防御联盟。纪德写道："家庭的自私主义，其可憎的程度仅次于个人的自私主义。"我不完全赞成他的意见。家庭的自私主义固然含有危险，但至少是超出个人的社会生活的许多原素之一。

只是，家庭必得要经受长风的吹拂与淘荡。"每个家庭蕴藏着内在的特殊的烦恼……"我们已描写过家庭里的夜晚，肉体与精神都宽弛了，而每个人都回复了他的自然的动作。休息么？是的，但这种自由把人导向何处去呢？有如一切无限制的自由一样，它会导向一种使生活变得困难的无政府状态。阿兰描写过那些家庭，大家无形中承认，凡是一个人所不欢喜的，对于一切其他的人都得禁止，而咕噜也代替了真正的谈话：

"一个人闻着花香要不舒服，另一个听到高声要不快；一个要求晚上得安静，另一个要求早上得安静；这一个不愿人家提起宗教，那一个听见谈政治便要咬牙切齿；大家都得忍受相互的限制，大家都庄严地执行他的权利。一个说：

——花可以使我整天头痛。

另一个说：

——昨晚我一夜没有阖眼，因为你在晚上十一点左右关门的声音太闹了之故。

"在吃饭的时候，好似国会开会时一般，每个人都要诉苦。不久，大家都认识了这复杂的法规，于是，所谓教育便只是把这些律令教给孩子们。"①

在这等家庭中，统治着生活的是最庸俗的一般人，正如一个家庭散步时，是走得最慢的脚步统治着大家的步伐。自己牺牲么？是的，但亦是精神生活水准的降低和堕落。证据是只要有一个聪明的客人共餐时，这水准会立刻重新升高。为什么？在常静悄悄的或只说一些可怜的话的人们，会变得神采奕奕呢！因为他们为了一个外来的人，使用了在家庭中所不愿使用的力量。

因此，家庭的闭关自守是件不健康的事。它应当如一条海湾一样，广被外浪的冲击。外来的人不一定要看得见，但大家都得当他常在面前。这外来人有时是一个大音乐家，有时是一个大诗人。我们看到在新教徒家庭里，人们的思想如何受着每天诵读的《圣经》的熏陶。英国大作家中，许多人的作风是得力于和这部大书常常亲接的结果。在英国，女子自然而然写作得很好，这或许亦因为这宗教作品的诵读

① 见 Alain：*Propos sur le Bonheur*。——原注

代替了家庭琐细的谈话，使她们自幼便接触着伟大的作风之故。十七世纪法国女子如赛维尼夫人、拉斐德夫人辈亦是受着拉丁教育的益处。阿兰又言，若干家庭生活的危险之一，是说话时从不说完他的句子。对于这一点，我们当使家庭和人类最伟大的作品常常亲接，真诚的宗教信仰，艺术的爱好（尤其是音乐），共同的政治信念，共同合作的事业，这一切都能使家庭超临它自己。

一个人的特殊价值，往往最难为他家庭中的人重视，并非因为仇视或嫉妒；而是家庭惯于另一种观点上去观察他之故。试读勃朗特姊妹的传记。只有父亲一人最不承认她们是小说家。托尔斯泰夫人固然认识托尔斯泰的天才；他的孩子们崇拜他，也努力想了解他。但妻子儿女，都不由自主地对于他具有的一切可笑的、无理的、习惯的普通人性格，和他的大作家天才，加以同样的看法。托尔斯泰夫人所看到的他，是说着"雇用仆役是不应当的"一类的话，而明天却出人不意地嘱咐预备十五位客人的午餐的人。

在家庭中，我们说过，可以还我本来，是的，但也只能还我本来而已。我们无法超临自己。在家庭中，圣者会得出惊，英雄亦无所施其技，阿兰说过："即令家庭不至于不认识我的天才，它亦会用不相干的恭维以掩抑天才的真相。"这种恭维并不是因为了解他的思想，而是感到家庭里出了一个天才是一件荣誉。如果姓张姓李之中出了一个伟大的说教者或政治家，一切姓张姓李的人都乐开了，并非因为说教者的演辞感动他们，政治家的改革于他们显得有益，而是认为姓张姓李的姓氏出现于报纸上是件光荣而又好玩的事。一个地理学家演讲时，若是老姑母去听讲，亦并非因为她欢喜地理学而是为爱侄子之故。

由此观之，家庭有一种使什么都平等化的平凡性，因了肉体的热情，否定了精神上的崇高，这一点足为若干人反抗家庭的解释。我以前曾引用过纪德在《尘世的食粮》一书中的诅咒："家庭，闭塞的区处，我恨你！"我并请你回忆一下他的《神童》一书中长兄劝弱弟摆脱家庭，回复自由的描写。可见即是在最伟大最优秀的人的生涯中，也有不少时间令人想到为完成他的使命起见，应得离开这过于温和的家，摆脱这太轻易获得的爱，和相互宽容的生活。这种时间，便是托尔斯泰逃到寺院里以致病死的时间，也即是青年人听到"你得离开你的爸爸妈妈"的呼声的时间，也就是高更抛妻别子独自到泰伊蒂岛上去度着僧侣式画家生活的时间。我们之中，每个人一生至少有一次，都曾听到长兄的呼声而自以为神童。

我认为这是一种幻象。逃避家庭，即逃避那最初是自然的继而是志愿的结合，那无异是趋向另一种并不自然的生活，因为人是不能孤独地生活的。离开家，则将走向寺院，走向文学团体，但它们也有它们的宽容，它们的束缚，它们的淡漠呢。不然便如尼采一样走向疯狂。"在抽象的幻想中是不会觉得孤独的。"但如玛克-奥莱尔（Marcus Aurelius）①所说，明哲之道，并非是处于日常事务之外保守明哲，而是在固有的环境之下保守明哲。逃避家庭生活是容易的，可是徒然的；改造并提高家庭生活将更难而更美。只是有些时候，青年们自然而然看到家庭的束缚超过家庭的伟大，这是所谓"无情义年龄"。兹为作进一步的讨论起见，当以更明确的方法，研究家庭内部的世代关系。

---

① 系公元二世纪时罗马皇帝。

我们已叙述过这世代关系在幼婴年龄的情状。在母亲方面，那是本能的，毫无保留的温柔；在儿童方面，则是崇拜与信赖：这是正常状态。在此我们当插叙父母在儿童的似乎无关重要的时期最容易犯的若干错误。最普通的是养成娇养的儿童，使儿童惯于自以为具有无上的权威，而实际上，他表面的势力只是父母的弱点所造成的。这是最危险不过的事。一个人的性格在生命之初便形成了。有无纪律这一回事，在一岁以上的儿童，你已替他铸定了。我常听见人家说（我自己也常常说）：

——大人对于儿童的影响是极微妙的；生就的性格是无法可想的。

但在多数情形中，大人颇可用初期的教育以改造儿童性格，这是人们难得想到的事。对于儿童，开始便当使他有规律的习惯，因为凡是不懂得规律的人是注定要受苦的。人生和社会自有它们的无可动摇的铁律。疾病与工作决不会造成娇养的儿童。每个人用他的犁锄，用他的耐性和毅力，开辟出他自己的路。可是娇养的儿童，生活在一个神怪的虚伪的世界之中；他至死相信，一颦一笑，一怒一哀，可以激起别人的同情或温柔。他要无条件地被爱，如他的过于懦弱的父母一样爱他。我们大家都识得这种娇养的老小孩。如那些因为有天才爬到了威权的最高峰的人，末了终于由一种极幼稚的举动把一切都失掉了。又如那些在六十岁时还以为眉目之间足以表现胸中块垒的女子。要补救这些，做母亲的必得在儿童开始对于世界有潜默的主要的概念时，教他懂得规律。

阿特莱医生（Dr. Adler）曾述及若干母亲因为手段拙劣之故，在好几个孩子中间不能抱着大公无私的态度，以致对于儿童发生极大的恶影响及神经刺激。在多数家庭中，兄弟姊妹的关系是友爱的模型。但假若以为这是天然的，就未免冒失了。仇敌般的兄弟，是自有文明以来早就被描写且是最悲惨的局面之一，这悲剧且亦永无穷尽。儿童诞生时的次序，在他性格的形成上颇有重大作用。第一个孩子几乎常是娇养的。他的微笑，他的姿态，对于一对新婚的、爱情还极浓厚的夫妇，显得是新奇的魅人的现象。家庭的注意都集中于他。不要以为儿童自己是不觉得的；正是相反，他竟会把这种注意，这种中心地位，认作是人家对他应尽的义务。

第二个诞生了。第一个所受的父母的温情，必得要和这敌手分享，他甚至觉得自己为了新生的一个而被忽视，他感到痛苦。做母亲的呢，她感到最幼弱的一个最需要她，这亦是很自然的情操。她看着第一个孩子渐渐长大，未免惆怅；把大部分的爱抚灌注到新生的身上去了。而对于那刚在成形的幼稚的长子，这确是剧烈的变动，深刻的悲哀，留下久难磨灭的痛苦的痕迹。儿童的情操甚至到悲剧化的程度。他们会诅咒不识趣的闯入者，祝祷他早死，因为他把他们所有的权威都剥夺了。有的想以忿艾的办法去重博父母的怜惜。疾病往往是弱者取胜的一种方法。女人用使人垂怜的法子，使自己成为她生活圈内的人群的中心，已是人尽皆知的事，但儿童也会扮演这种无意识的喜剧。许多孩子，一向很乖的，到了兄弟诞生的时候，会变得恶劣不堪，做出各式各种的丑事，使父母又是出惊又是愤怒；实在他们是努力要大人去重视他们。阿特莱医生确言（我亦相信如此），长子（或长女）的心理型，其终生都是可以辨识的。第一个生的常留恋以往；他是保守的，有时是悲哀的；他爱谈起他的幼年，因为那是他最幸福的时期，次子（或次女）却倾向于未来的追求，因为在未来他可以超越长兄（或长姊）。他常是破坏主义者，常是善于嘲弄的人。

最幼的季子，亦是一个娇养的孩子，尤其当他和长兄们年纪差得很远的时候，他更幸福，因为他所享的优遇永没有别的幼弟妹去夺掉他的了。他亦被长兄们优遇，他们此时抱着和父母差不多的长辈的态度。他是被"溺爱"的。这种孩子长大时，往往在人生中开始便顺利，能够有所成就，因为他有自信力；以后，和长兄长姊们一起生活时，他受着他们的陶冶而努力要迅速地追出他们；他本是落后的，必得要往前力追①。

父母在好几个孩子中间，应得把母爱和父爱极力维持平等。即使事实上不是如此（因为各个孩子的性格，其可爱的程度，总不免有所差别），也得要维持表面上的平等。且当避免使儿童猜着父母间的不和。你们得想一想，在儿童脑海中，父母的世界不啻神仙的世界，一旦在这世界中发现神仙会得战争时，不将令儿童大大难堪么？先是他们感到痛苦，继而是失去尊敬之心。凡是那些在生活中对任何事物都要表示反抗的男人或女子，往往在幼年时看到极端的矛盾，即父母们一面告诫他不要做某种事，一面他们自己便做这种事。一个轻视她的母亲的女孩子，以后将轻视一切女人。一个专横的父亲，使他的儿女们，尤其是女儿，把婚姻看作一件可怕的苦役。"真能享受家庭之乐的父亲，能令儿女尊敬他，他亦尊敬儿女，尽量限令他们遵守纪律，可不过分。这

① 见阿特莱医生著：《儿童教育》。——原注

种父母，永不会遇到儿女们要求自由独立的可怕的时间。"①童年到青年的过渡时期，得因了这种父母，为了这种父母，而以最小限度的痛苦度过。他们比着专暴的父母快乐多了。"没有丝毫专制而经温柔澄清了的爱；比任何情绪更能产生甘美的乐趣。"

以上所述，是应当避免的障碍。以下我们再来讨论世代的正常关系。

母子这一个社会，在人生中永为最美满的集团之一。我们曾描写女人如何钟爱幼龄的小上帝。在中年时，尤其当父亲亡故以后，他们的关系变得十分美满了，因为一方面是儿子对于母亲的尊敬；另一方面是母亲对于这新家长的尊重和对儿子天然的爱护。在古代社会或农业社会中，在母亲继续管理着农庄的情形中，上述那种美妙的混合情操更为明显。新家庭与旧家庭之冲突有时固亦不免。一个爱用高压手段的母亲，不懂得爱她的儿子，不能了解儿子以后的幸福在于和另一个女子保持着美满的协调：这是小说家们常爱采用的题材。洛朗斯，我们说过，传达此种情境最为真切。例如热内特里克斯(Génitrix)那种典型的母亲(在现实生活中，罗斯金夫人便是一个好例)，能够相信她加于儿子的爱是毫无性欲成分的，实际上可不然。"当罗斯金夫人说她的丈夫早应娶她的母亲时，她的确说得很对。"而洛朗斯之所以能描写此种冲突如是有力，因为他亦是其中的一员之故。

① 见 Bertrand Russell: *On Education*。——原注

母女之间，情形便略有不同了。有时能结成永久的友谊：女儿们，即是结了婚，亦离不开她们的母亲，天天继续着去看她，和她一起过生活。有时是相反，母女之间发生了一种女人与女人的竞争，或是因为一个年轻而美貌的母亲嫉妒她的娇艳的女儿长大成人，或是那个尚未形成的女儿嫉妒她的母亲。在这等情形中，自然应由两人中较长的一个，母亲，去防范这种情操的发生。

父爱则是一种全然不同的情操。在此，天然关系固然存在，但不十分坚强。不错，父亲之中也有如高老头①型的人物，但正因为我们容受母亲的最极端的表象，故我们把高老头型的父亲，认为几乎是病态的了。我们知道，在多数原始社会中，儿童都由舅父教养长大，以致父亲简直无关重要。即在文明的族长制社会中，幼儿教育亦由女人们负责。对于幼龄的儿童，父亲只是战士、猎人，或在今日是企业家、政治家，只在晚餐时分回家，且还满怀着不可思议的烦恼、计划、幻想、故事。

在杜哈曼②的一部题作《哈佛书吏》的小说中，你可看到一个安分守己如蜜蜂似的母亲，和一个理想家如黄蜂似的父亲之间的对照。因为父亲代表外界，故使儿童想着工作。他是苛求的，因为他自己抱着大计划而几乎从未实现，故他希望儿子们能比他有更完满的成就③。如果他自己有很好的成功，他将极力压榨他的孩子，期望他们十全十美；然而他们既是人类，终不能如他预期的那样，于是他因了热情过甚

---

① 系巴尔扎克小说中的主人翁，见前。

② 杜哈曼(Georges Duhamel，一八八四——一九六六)，法国现代名作家。

③ 见Alain；*Les Sentiments Familiaux*。——原注

而变得太严了。他要把自己的梦想传授他们，而终觉得他们在反抗。以后，有时如母女之间的那种情形，我们看到父与子的竞争：父亲不肯退步，不肯放手他经营的事业的管理权；一个儿子在同一行业中比他更能干，使他非常不快。因此，好似母子形成一美满的小集团般，父亲和女儿的协调倒变得很自然了。在近世托尔斯泰最幼的女儿，或是若干政治家外交家们的女儿成为她们父亲的秘书和心腹，便是最好的模型。

凡是在父母与子女之间造成悲惨的误解的，常因为成年人要在青年人身上获得只有成年人才有的反响与情操。做父母的看到青年人第一次接触了实际生活而发生困难时，回想到他们自己当时所犯的错误，想要保护他们的所爱者，天真地试把他们的经验传授给儿女。这往往是危险的举动，因为经验差不多是不能传授的。任何人都得去经历人生的一切阶段；思想与年龄必得同时演化。有些德性和智慧是与肉体的衰老关连着的，没有一种说辞能够把它教给青年。马德里（Madrid）①国家美术馆中有一幅美妙的早期弗拉芒画，题作《人生的年龄》，画面上是儿童、少妇、老妇三个人物。老妇伏在少妇肩上和她谈话，在劝告她。但这些人物都是裸体的，故我们懂得忠告是一个身体衰老的人向着一个身体如花似玉的人发的，因此是白费的。

经验的唯一的价值，因为它是痛苦的结果，为了痛苦，经验在肉体上留下了痕迹，由此，把思想也转变了。这是实际政治家的失眠的长夜，和现实的苦斗；那么试问他怎么能把此种经验传授给一个以为毫

① 系西班牙京城。

不费力便可改造世界的青年理想家呢？一个成年人又怎么能使青年容受"爱情是虚幻的"这种说法呢？波罗尼斯（Polonius）①的忠告是老生常谈，但我们劝告别人时，我们都是波罗尼斯啊。这些老生常谈，于我们是充满着意义、回想和形象的。对于我们的儿女，却是空洞的、可厌的。我们想把一个二十岁的女儿变成淑女，这在生理学上是不可能的。沃韦纳格②曾言："老年人的忠告有如冬天的太阳，虽是光亮，可不足令人温暖。"

由此可见，在青年人是反抗，在老年人是失望。于是两代之间便发生了愤怒与埋怨的空气。最贤明的父母会把必不可少的稚气来转圜这种愤懑之情。你们知道克洛代尔③译的英国巴脱摩④的《玩具》一诗么？一个父亲把孩子痛责了一顿，晚上，他走进孩子的卧室，看见他睡熟了，但睫毛上的泪水还没有干。在近床的桌子上，孩子放着一块有红筋的石子，七八只蚌壳，一个瓶里插着几朵蓝铃花，还有两枚法国铜币，这一切是他最爱的，排列得很有艺术，是他在痛苦之中以之自慰的玩具。在这种稚气前面看到这动人的弱小的表现，父亲懂得了儿童的灵魂，忏悔了。

尤其在儿童的青年时代，我们应当回想起我们自己，不要去伤害那个年龄上的思想、情操、性情。做父母的要有此种清明的头脑是不容易的。在二十岁上，我们中每个人都想："如果有一天我有了孩子，

---

① 系莎士比亚剧中的一个人物，他对于儿女们的劝告以高贵著名。

② 沃韦纳格（Vauvenargues，一七一五——七四七），十八世纪法国伦理学家。

③ 克洛代尔（Paul Claudel，一八六八——九五五），法国现代大诗人，剧作家，与瓦莱里齐名。

④ 巴脱摩（Coventry Patmore，一八二三——八九六），英国诗人。

我将和他们亲近；我对于他们，将成为我的父亲对于我不曾做到的父亲。"五十岁时，我们差不多到了我们的父母的地位，做了父亲或母亲。于是轮到我们的孩子来希望我们当年所曾热切希望的了，变成了当年的我们以后，当他们到了我们今日的地位时，又轮到另一代来做同样虚幻的希望。

你们可以看到，在青年时期，伤害与冲突怎样的形成了所谓"无情义年龄"。在初期的童年，每人要经过一个可以称为"神话似的"年龄：那时节，饮食、温暖、快乐都是由善意的神仙们赐与的。外界的发现，必需劳作的条件，对于多数儿童是一种打击。一进学校，生活中又加添了朋友，因了朋友，儿童们开始批判家庭。他们懂得，他们心目中原看作和空气水分同样重要的人物，在别的儿童的目光中，只是些可怪的或平庸的人。"这是整个热情的交际的新天地。子女与父母的联系，即不中断，也将松懈下来。这是外界人战胜的时间，外人闯入了儿童的灵魂。"①这亦是儿童们反抗的时间，做父母的应当爱他们的反抗。

我们曾指出一切家庭生活所必有的实际色彩与平板，即是宗教与艺术亦无法使它升华。青年人往往是理想主义者，他觉得被父母的老生常谈的劝告所中伤了。他诅咒家庭和家庭的律令。他所希望的是更纯粹的东西。他幻想着至大至美的爱。他需要温情，需要友谊。这是满是誓言、秘密、心腹的告白的时间。

且这也往往是失望的时间，因为誓言没有实践，心腹的告白被人欺弄，爱人不忠实。青年人处处好胜，而他所试的事情件件都弄糟了。

① 洛朗斯语。——原注

于是他嫉恨社会。但他的嫉恨，是由他的理想的失望，他的幻梦与现实之不平衡造成的。在一切人的生活中，尤其在最优秀的人的生活中，这是一个悲惨的时期。青年是最难度过的年龄，真正的幸福，倒是在成年时期机会较多。幸而，恋爱啊，继而婚姻啊，接着孩子的诞生啊，不久使这危险的空洞的青年时期得到了一个家庭的实际的支撑。"靠着家庭、都市、职业等等的缓冲，傲慢的思想和现实生活重新发生了关系"。① 这样，循环不已的周圈在下一代身上重复开始。

为了这些理由，"无情义年龄"最好大半在家庭以外度过。在学校里所接触的是新发现的外界，而家庭，在对照之下，显得是一个借以托庇的隐遁所了。如果不能这样，那么得由父母回想他们青年时代的情况，而听任孩子们自己去学习人生。也有父母不能这样而由祖父母来代替的，因为年龄的衰老，心情较为镇静，也不怎么苛求，思想也更自由，他们想着自己当年的情况，更能了解新的一代。

在这篇研究中，我们得到何种实用的教训呢？第一是家庭教育对于儿童的重要，坏孩子的性格无疑地可加以改造，有时甚至在他们的偏枉过度之中，可以培养出他们的天才；但若我们能给予他一个幸福的童年，便是替他预备了较为容易的人生。怎样是幸福的童年呢？是父母之间毫无间隙，在温柔地爱他们的孩子时，同时维持着坚固的纪律，且在儿童之间保持着绝对一视同仁的平等态度。更须记得，在每个年龄上，性格都得转变，父母的劝告不宜多，且须谨慎从事；以身作

① 见 Alain：*Idées*。——原注

则才是唯一有效的劝告。还当记得家庭必须经受大千世界的长风吹拂。

说完了这些，我们对于"家庭是否持久的制度"的问题应得予以结论了。我相信家庭是无可代替的，理由与婚姻一样：因为它能使个人的本能发生社会的情操。我们说过青年时离开家庭是有益的，但在无论何种人生中，必有一个时间，一个男人在经过了学习时期和必不可少的流浪生活之后，怀着欣喜与温柔的情绪，回到这最自然的集团中去，在晚餐席的周围，无论是大学生、哲学家、部长、兵士或艺术家，在淡漠的或冷酷的人群中过了一天之后，都回复成子女、父母、祖父母，或更简单地说，都回复了人。

论友谊

夫妇与家庭，相继成为一切文明社会的基本原素，这个缘由，我们以前已经加以阐发了。我们说过，它们的重要性和必然性，是因为那些情操基于强固的本能之上，且能令人超越自私主义而学习爱。

现在我们要来研究一种全然不同的关系，其中智慧与情操驾乎本能之上而且统治了本能。这是维系两个朋友的关系。为何这新的关系亦是社会生活所少不了的呢？难道由本能发生的关系还不够么？难道夫妇与家庭，不能令人在最低限度的冲突之下找到他涉历人生时必不可少的伴侣么？

对于这一点，我们首先解答的是：大多数人终生不知夫妇生活之能持久。为何他们逃避婚姻呢？多数是并未逃避，只没有遇到而已。我想，这是因为世界上女子较多于男子，故所有的女子在一夫一妻制度之下，不能各选中一个丈夫。而且，只要一个人，不论男女，心灵和感觉稍稍细腻一些，便不能接受无论何种的婚姻。他对于伴侣的选择，自有他坚决的主见和癖好。有人会说："但在人生无数的相遇中，竟不能使每个人至少物色到一个使他幸福的对手：这无论如何是不可能的。"这却不一定。有些人过着那么幽密的隐遁生活，以致什么也闯不进他们的生活圈。还有些，则因偶然的命运置他们于一个性格思想全然不同的环境里之故，只觉得婚姻之弄人与可厌。

且也有并不寻找的人。早岁的受欺，肉体的恐惧，神秘的情意，终使他鄙弃婚姻。要有勇气才能发下这终生的盟誓；跳入婚姻时得如游泳家跳下海去一般。这勇气却非人人具有。有时，一个男人或女人，颇期望结婚，但他们所选择的他或她过着另外一种生活。于是，因了骄傲，因了后悔，因了怨望，他们终生死守着使他们成为孤独的一种情操。以后他们也许会后悔，因为他们虔诚地保守着的回忆已只是纯粹形式上的执拗。"昔日的心绪早已消逝。"但已太晚了。青春已逝，已非情场角逐、互相适应的时代了。我们会阐述夫妇生活之调和怎样的有赖于婉转顺应的柔性。独身者自然而然会变得只配过孤独生活而不能和另一个人过共同生活，即是愿意，他亦不能美满地做一个丈夫或妻子了。

对于这一般人，人生必得提供另一种解决方式。他们彻底的孤独生活简直是不近人情的，除了发疯以外，没有人能够忍受；他们在何处才能觅得抗御此种苦难的屏障呢？在幼年的家庭中么？我们已陈述过家庭不能助人作完满的发展，它的优容反阻挠人的努力。一个只靠着家庭的老年独身者，其境况是不难想象的：巴尔扎克在《堂兄弟邦》一书中，即研究这种关系含有多少不安定的、平庸的，有时竟是丑恶的成分。邦终于只靠了朋友而得救。

即是为那些组织家庭的人，为那个有很好的伴侣的丈夫或妻子，为那些与家长非常和睦的儿童，为有着一千零三个爱人的唐璜也还需要别的东西。我们已看到，家庭啊，爱情啊，都不容我们的思想与情操全部表现出来，凡是我们心中最关切的事情，在家庭和爱情中都不能说。在家庭里，因为我们和它的关系是肉体的，非精神的，人们爱我们也太轻易了；在爱情中，则除了那些懂得从爱情过渡到友谊的人之外，两个相爱的人只是互相扮演着喜剧，各人所扮的角色也太美满了，不容真理的倾吐。这样，儿童、父母、丈夫、妻子、爱人、情妇，都在他们的心灵深处隐藏着多少不说出来的事情；尤其蕴藏着对于家庭，对于婚姻，对于父母，对于儿女的怨艾。

而凡是不说出来的东西，都能毒害太深藏的心灵，有如包藏在伤口下面的外物能毒害肉体的组织一般。我们需要谈话，需要倾诉，需要保存本来面目，并不像在家庭或爱情中徒在肉体方面的随心所欲，而尤其需要在智慧与精神方面能适心尽意。在向着一个心腹者倾诉的当儿，我们需要澄清秘密的情操与胸中的积慨；这知己将成为我们的顾问，即使他不愿表示意见，也能使这些秘密的怨恨变得较有社会性。因此我们在爱情之外应另有一种关系，在家庭之外应另有一个团体。这另一个团体便是和我们能自由选择的一个人的友谊或是和一个现在的或往昔的大师的默契。我们今日所要研究的便是这自由选择的、补充的家庭。

友谊是怎样诞生的呢？关于母爱，我们用不到提出这问题。这种爱是和婴孩一同诞生的；根本是纯粹的本能。关于性爱，答案也似乎不难。一瞥，一触，引起了欲愿和钦佩。"爱始于爱。"最真实的最强烈的爱情是最突兀的。"乳母啊，这青年是谁？如果他已娶妻，我唯有把坟墓当作我的合欢床了。"①爱情不靠道德的价值，不靠智慧，甚至也不靠所爱者的美貌。美丽的提泰妮娅（Titania）曾俯伏在波顿（Botton）的驴子式的头上②。爱情是盲目的，这句平凡的老话毕竟是真理。我们总觉别人的爱情是不可解的。"她在他身上看到些什么呢？"所有的女人对所有的女人都要这样说。但在被不相干的人认为贫瘠的园地上，一种强烈的、压制不住的情操诞生了，因为有欲愿在培养它。

友谊的诞生却迟缓得多。初时，它很易被爱情窒息，有如一棵柔弱的植物容易被旁边的丛树压倒一样。拉罗什富科曾言："大多数女人所以不大会被友谊感动，是因为一感到爱情，友谊便显得平淡了之故。"平淡？可不，在友谊的初期，却是明澈得可怕。对于他或她，一个驴子似的头始终是驴子似的头。怎么能依恋驴子似的头呢？在头脑完全明澈的两人中间，既毫无互相吸引的肉体的魅力，怎么能诞生友谊这密切的关系呢？

在有些情形中，这种关系是产生得极自然的，理由很简单，因为所遇到的人赋有难得的优点，而且人家也承认他的优点。因此，友谊颇有如霹雳般突然发生的时候。一瞥、一笑、一顾、一盼，在我们精神上立刻显示出一颗和我们声气相投的灵魂。一件可爱的行为，证实了一颗美丽的心灵。于是，和爱情始于爱情一样，友谊亦始于友谊。在此突兀的友谊中，选中的朋友亦不一定是高人雅士，因为优劣的判断也是相对的。某个少女可以成为另一个少女的心腹，同出，同游，而于第

---

① 此系名剧《罗密欧与朱丽叶》中，朱丽叶见罗密欧后与乳母语。

② 皆系莎士比亚《仲夏夜之梦》中的人物。

三者却只觉得可厌。如果因为偶然之故，先天配就的和谐居然实现了，友谊便紧接着诞生。

但除了例外，这样的相遇不常能发生持久的关系。婚姻制度帮助爱情使其持久，同样，甫在萌芽中的友谊亦需要一种强制。人心是懒惰的。倘使没有丝毫强制去刺激那甫在萌芽的情操，往往容易毫无理由地为了一些小事而互相感到厌倦。"她翻来覆去唠叨不已……她老是讲那些事情……他是易于生气的……她老是迟到……他可厌，她太会怨叹了……"这便需要强制了，学校，行伍，军队，船上生活，战时将校食堂，小城市里公务员寄膳所。在这一切生活方式中都含有家庭式的强制，而这是有益的。人们必需过着共同生活。这种必需，使人慢慢地会互相了解，终于互相忍受。"人人能因被人认识而得益。"我敢向你们提出这一条定理。

然而偶然发生的友谊并不必然是真正的友谊。阿贝尔·勃纳尔（Abel Bonnard）①有言："人们因为找不到一个知己，即聊以几个朋友来自慰。"真正的友谊必需经过更严格的选择。蒙田②之于鲍哀茜（Boétie）③不但友爱，而且尊重，敬仰。他认出他具有卓越优异的心魂，使他能一心相许。一切男人，一切女子，对于所敬重的人可并不都能如是依恋。有的对于人家的优点感到嫉妒，不想仿效高贵性格的美德，而只注意于吹毛求疵。另有一般，因为怕自己经不起太明澈的心

---

① 系法国现代作家。

② 蒙田（Michel de Montaigne，一五三三——一五九二），法国思想家，作家，怀疑论研究者。

③ 系法国十六世纪文人。

魂的批判，故宁愿和较为宽容的人厮混。

"凡是尚未憎恶人类的人，凡相信人群中还散处着若干伟大的灵魂，若干领袖的人才，若干可爱的心灵，而孜孜不倦地去寻访，且在访着之先便已爱着这些人的人，才配享受友谊。"

对于勃纳尔这种重视心理作用的见解，我愿附加一点。为使人能温柔地爱恋一个人起见，在这被爱者所有的优点之外更加上若干可爱的弱点亦非无益。人们不能彻底爱一个不能有时报以微笑的人。在绝对的完美之中，颇有多少不近人情的成分，令人精神上心灵上感到沮丧。他能令人由钦佩而尊敬，可不能获得友谊，因为他令人丧气，令人胆怯。一个伟大的人物，因为具有某种怪癖而使他近于人情，使我们感到宽弛，这是我们永远感激的。

我们对于友谊之诞生的意见，概括起来是：一个偶然的机缘，一盼，一言，会显示出灵魂与性格的相投。一种可喜的强制，或一种坚决的意志更使这初生的同情逐渐长成以至确定。我们可以到达心心相印的地步的相契，胜于在精神上与外人相契的程度，可远过于骨肉至亲。这是友谊最初的雏形。

此刻，我愿更确切地推究一下，在这伟大的情操，——有时竟和最美的爱情相埒的友谊，和更凡俗而不完全的"狎习"之间，究有什么区别。

拉罗什富科说："所谓友谊，只是一种集团，只是利益的互助调节，礼仪的交换，总而言之，只是自尊心永远想占便宜的交易。"拉罗什富科真是苛刻，或至少他爱自以为苛刻，但他在此所描写的，在人与人的关系中，正不是友谊。交易么？不，友谊永远不能成为一种交易；相反，它需求最彻底的无利害观念。凡是用得到我们时来寻找我们，而在我们替他尽过了力后便不理我们的人，我们从来不当作朋友看待的。

固然，要发觉利害关系不常是容易的事，因为擅长此种交易的人，手段是很巧妙的。

"对于B君夫妇你亲热些罢……"丈夫说。

"为什么？"妻子答道，"他们非常可厌，你又用不到他们……"

"你真不聪明，"丈夫说，"当他回任部长时我便需要他们了，这是早晚间事，而他对于在野时人家对他的好意更为感动。"

"不错，"妻子表示十分敬佩地说，"这显得更有交情。"

的确"这显得更有交情"，但决不是友谊。在一切社会中，两个能够互相效劳的人有这种交易亦是很自然的。大家互相尊敬，但互相顾忌的时候更多。大家周旋得很好。大家都记着账："他的勋章，我将颁给他，但他的报纸会让我安静。"

友谊是没有这种计算的。亦非两个朋友不能且不该在有机会时互相效劳，但他们对于这种行为，做得那么自然，事后大家都忘掉了，或即使不忘掉，也从不看作重要。你们当记得拉封丹①贫困时，一个朋友请他住到他家里去，他答道："好，我去。"一个人是不应当怀疑朋友的。为人效劳之后，当避免觉得虚荣的快感。人的天性，常在看到别人的弱点时，感觉到自己的力量，在最真诚的怜悯之中，更混入一

① 拉封丹（Jean de La Fontaine，一六二一——六九五），法国寓言诗人。

种不可言喻的温情。苟刻的拉罗什富科又言："在我们最好的友人的厄运之中，我们总找到若干并不可厌的成分。"莫里亚克在《外省》一书中说，我们很愿帮助不幸者，但不喜欢他们依旧保存着客厅里的座钟。

"只要你还是幸福的时光，你可有许多朋友；如果时代变了，你将孤独。"不，我们决不会在灾患中孤独的。那时不但恶人要表示幸灾乐祸，而那些当初因为你很幸福而不敢亲近你的其他的不幸者，此时亦会走向你，因为你亦遭了不幸，他们觉得与你更迫近了。可怜的雪莱，在还未成名时，较之煊赫一世的拜伦朋友更多。必得要有高尚的心魂，方能做一个共安乐的朋友而心中毫不存着利害观念。

因此，无利害观念成为朋友的要素之一，能够帮助人的朋友，应当猜透对方的思虑，在他尚未开口之前就助他。"从趣味和尊敬方面去看待朋友是甜蜜的；但从利害方面去交给他们便显得难堪；这无疑是干求了。"那么，当他们需要我们尽力时，我们预先料到他们的需要而免得他们请求了罢。财富与权力，其唯一的、真实的可爱处，或许即在我们能运用它们来使人喜欢这一点上。

在无利害观念之处，互相尊敬似乎是友谊的另一要点。"真的么？"你会问。"然而，我颇有些朋友为我并不敬重而确很爱好的，敬与爱当然不同，且我对他们亦老实说我不敬重他们。"我认为这是一种误解，尤其是不曾参透实际的思想。实在我们都有一般朋友，我们对他们常常说出难堪的真理，且没有这种真诚也算不得真正的友谊。但有些批评，在别人说来会使我们动怒，而在朋友说来我们能够忍受，这原因岂非是我们知道在批评之外，他们在许多更重要的地方敬重我们么？所谓敬重，并非说他们觉得我们"有德"，也不是说他们认为我们聪明。这是更错杂的一种情操。把我们的优点和缺点都考量过了之后，他们才选择我们，且爱我们甚于他人。

唯有尊敬方能产生真诚，这是应当明白的要点。凡是爱我们，赞赏我们的人所加之于我们的，我们都能忍受；因为我们能接受他的责备而不丧失自信（万一丧失了这自信，我们便生活不下去）。著作家中间的美满的友谊，也就靠这种混合的情操维持。蒲伊莱（Louis Bouilhet）①对于弗罗贝作最严酷的批评，可不损伤他的尊严，因为他把弗罗贝当作大师，弗罗贝亦知道这点。但我们得提防另一种"真诚的朋友"，他们的真诚只使我们丧气，他们的顾虑只使我们提防人家说我们的坏话，而对于好的方面似乎聋子一般全听不见。也得提防多疑的朋友，我们对他的敬爱，他不能一次明白了便永远明白，也不懂得人生是艰辛的，人是受着意气支配的，他老是观察我们，把我们的情操、烦躁、脾气的表现都当作有意义的征象。多疑的人永远不能成为好朋友。友谊需要整个的信任：或全盘信任，或全盘不信任。如果要把信心不断地分析、校准、弥缝、恢复，那么信心只能加增人生的爱的苦恼，而绝不能获得爱所产生的力量和帮助……但若信心误用了又怎样呢？也没有关系；我宁愿被一个虚伪的朋友欺弄而不愿猜疑一个真正的朋友。

毫无保留的信任是否亦含有倾诉全部心腹的意思？我想不如此不能算真正的友谊。我们说过，交友目的之一，在于把隐藏在心灵深

---

① 系法国十九世纪诗人兼剧作家。

处的情操在社会生活中回复原状。如果朋友所尊敬的不是我们实在的"我"，而是一个虚幻的"我"，那么这种尊敬于我们还有什么价值？只要两个人在谈话时找不到回忆的线索，谈话便继续不下去。只要你往深处探测，触到了心底的隐秘，它便会如泉水般飞涌出来。在枯索的谈话中忽然触及了清新的内容，确是最大的愉快。只是，机密的倾吐不容易承当。要有极大的机警方能保守住别人的心腹之言。在谈话中，抖发大家所不知道的机密在人前炫耀，是很易发生的事。当自己的心底搜索不出什么时，人们会试把难得的秘闻来打动人。于是，人家的秘密被泄漏了，即使他实在并不想泄漏。

"没有一个人，在我们面前说我们的话和在我们背后说的会相同。人与人间的相爱只建筑在相互的欺骗上面，假使每个人知道了朋友在他背后所说的话，便不会有多少友谊能够保持不破裂的了。"这是帕斯卡①的名言。普鲁斯特也说，我们之中，如有人能够看到自己在别人脑中的形象时定会惊异；我可补充一句说：看到自己在爱他的人的脑中的形象时也要惶惑。因此，狡猾之辈不必撒谎，只要把真实的但是失检的言语重述一下，便足使美满的情操解体。

对于这种危险的补救方法，可列举如下：

一、有些心腹之言，其机密与危险的程度，只能对在职业上负有保守秘密之责的人倾吐，即是教士、医生，我愿再加上小说家，因为小说家能以化妆的形式用艺术来发泄，故在现实生活中往往能谨守秘密；

---

① 帕斯卡（Blaise Pascal，一六二三——一六六二），法国数学家、物理学家、神学家和散文大师及近代概率论的奠基者。

二、对于报告某个朋友如何说他，某个朋友又如何说他的人，不论那些话足以使他难堪或使他与朋友失和，应该一律以极严厉的态度对付他。在这等情形中，最好的办法不是和说他如何如何的人（这些话往往是无从证实的）决裂，却与报告是非的人翻脸；

三、应当在无论何种的情形之下卫护你的朋友，这并非否认确切的事实，因为你的朋友不是圣者，他们有时能够犯极重大的过失；但你只须勇敢地说明你根本是敬重他的，这才是唯一的要着。我认识一个女子，有人在她面前攻击一个她引为知己的人时，简单地答道："这是我的朋友。"便拒绝再谈下去。我认为这才是明智。

由此，我们归结到下列的重要观念，即友谊如爱情一样需要一种誓约。勃纳尔所下的定义即是如此："友谊是我们对于一个人物的绝对的选择，他们的天性是我们选择的根据，我们一次爱了他，便永远爱他。"阿兰的定义亦极相似："友谊是对于自己的一种自由的幸福的许愿，把天然的同情衍为永远不变的和洽，超出情欲、利害、竞争和偶然之上。"

他又言："且还需有始终不渝的决心。否则将太轻易了。"一个人翻阅他的友人名录如看时钟一般，爱与不爱仿如感到冷热一般随便。实利主义的人说，我们的情操是一种事实。他们的友谊契约是这样订的："当我是你的朋友时，我是你的朋友；这是趁着意气的事情，我不负任何责任。一天，也许是明朝，我会觉得你于我无异路人，那时我将告诉你。"无论何处，这种措辞总表示人们并不相爱。不，不，绝对没有条件，一朝结为朋友，便永远是朋友了。伦理家会说："怎么。如果你的朋友做了恶事，下了狱，上了断头台，你还是爱他么？"是啊……看那司汤达所描写的于连①的朋友——傅凯（Fouqué），不是一直送他上断头台么？还有吉卜林②的那首《千人中的一人》的诗：

千人中之一人，所罗门说，会支撑我们胜于兄弟。
这样的人，我们去寻访罢，即是二十年也算不得苦，
如果能够寻到，二十年的苦还是极微。
九百九十九人是没决断的，所见于我们的仿与世俗无异。
但千人中之一人却爱他的朋友，即在大众在朋友门前怒吼的时候。

礼物与欢乐，效劳与许愿……我们决非交给他这些。
九百九十九人批判我们，依着我们的财富或光荣。
是啊……噢，我的儿子！如你能找到他，你可远涉重洋不用胆怯，

因为千人中之一人会跳下水来救你，
会和你一同淹溺，如他救你不起。

如果你用了他的钱，他难得想起，
如果他用尽了你的，亦非为恨你，
明天他仍会到你家里谈天，没有一些怨艾的语气，
九百九十九个伪友，金啊银啊，一天到晚挂在口边，

---

① 系司汤达名著《红与黑》中的主角。
② 吉卜林（Rudyard Kipling，一八六五——九三六），英国小说家、诗人。

但千人中之一人，决不把他所选的人给恶神做牺牲。

他的权利由你承受，你的过失由他担负，

你的声音是他的声音，他的屋檐是你的住家。

不论他在别处有理无理，我愿你，噢，我的儿子，将他维护。

九百九十九个俗人，见你倒运见你可笑即刻逃避，

但千人中之一人，和你一同退到绞台旁边，也许还要往前。

这是一千个男人中的一个……亦是一千个女子中的一个，有没有呢？我们且来辨别两种情形：女人和女人的友谊，男人和女人的友谊。

女人之能互相成为朋友，是稍加观察便可证明的。但可注意一点：青年女子的友谊往往是真正的激情，比着青年男子的友谊更多波折，而且对抗敌人的共谋性质与秘密协定的成分，也较男子友谊为多。所谓敌人是没有一定的，往往是家庭；有时是另一组少女；有时是男子，她们常把所有的男子当作敌对的异族，认为全体女子应当联合一致去对付。这种共谋为协助行为，我想是因为她们较弱之故，也因为长久以来被社会约束过严之故。十九世纪时，一个少女的最亲切的思想，在家庭里几乎一些也不能说。她需要一个知己。巴尔扎克的《两个少妇的回忆录》即是一例。

如果结婚的结果很好，婚姻便把少女间的友谊斩断了，至少在一时间内是如此。两种同等强烈的情操是不能同时并存的。如果婚姻失败，心腹者便重新担任她的角色。共谋的事情又出现了，不复是对

抗家庭而是对抗丈夫了。不少女子终生忠于反抗男子群的女子连锁关系。这连锁关系是坚固的，除非到了她们争夺同一男子的关头。眼见一个女友和自己也极愿爱恋的男子过着幸福的生活时，若要能够忍受而毫无妄念，真需要伟大的精神和对于自己的幸福确有自信才行。有些女子，当然因为情意终较为低弱之故，往往在这等情景中禁不住有立刻破坏他们，取而代之的念头。这时候，她的追逐男子，已非为男子本身，而是为反抗另一个女人。这种情操的变幻，使女子在一个爱情作用并不占据如何重要位置的社会里较易缔结友谊。美国的情形便是如此。在美国，男子对于女子远不如欧洲人那么关切。爱的角逐在美国人生活中占着次要的位置，故女子们缔结友谊的可能性较大。

如果是智识和心灵都有极高价值的女子，当然能够缔结美满的友谊。拉斐德夫人和赛维尼夫人①便是好例，她们从青年到老死，友谊从未发生过破裂，情爱亦未稍减。她们中偶有争论，亦不过为辩论两者之间谁更爱谁的问题而已。赛维尼夫人的女儿，格里南夫人，因此非常嫉妒。在一般情形中，家庭对于过分热烈的友情总是妒忌的。这也很易了解。朋友是一个与家庭敌对的心腹，不问这朋友是男性或女性。在结婚时女人使丈夫与朋友失和是屡见不鲜的事。只是，如我们在论及婚姻问题时所说的那样，有一种纯粹男性典型的谈话，只吸引男人而几乎使所有的女子感到厌倦，且这无异是对于友谊的奇特的拨弄。自有戏剧作家以来，凡是做丈夫的能和妻子的情人发生友谊这一回事，总是讽刺的好题目。这是滑稽的么？无疑的，在这两个男人之

① 皆系法国十七世纪著名女子。

间，比着情人与情妇之间，可谈的东西较多。他们诚心相交，且情人与情妇的关系往往亦是因为有丈夫在面前方才维系着的。一朝丈夫不愿继续担任居间者的角色时，或出外远行或竟离婚了时，一对情人的关系也立刻破灭了。

于是，我们便遇到难题了：男女之间的友谊是不是可能的？能否和男子间最美满的友谊具有同样的性质？一般的意见往往是否定的。人家说：在这等交际中怎会没有性的成分？假如竟是没有，难道女人（即是最不风骚的）不觉得多少受着男子的慢服么？一个男子，若在女子旁边过着友谊情境中所能有的自由生活而从不感到有何欲念，亦是反乎常态的事；在这等情形中，情欲的机能会自动发生作用。

且为了要征服女子之故，男人不真诚了。嫉妒的成分也渗入了；它把精神沟通所不可或缺的宁静清明的心地扰乱了。友谊，需要信任，需要两人的思想、回忆、希望之趋于一致。在爱情中，取悦之念替代了信任心。思想与回忆经过了狂乱与怯弱的热情的渗滤。友谊生于安全、幽密与细腻熨贴之中；爱情则生存于强力、快感与恐怖之中。"朋友的失态，即情节重大亦易原谅，恋人的不贞，即事属细微亦难宽恕。"友谊的价值在于自由自在的放任；爱情却充满着惶惶焉唯恐失其所爱的恐惧。谁会在狂热的激情中顾虑到谅解、宽容与灵智的调和呢？唯有不爱或现已不爱的人才是如此。

关于这，人家很可拿实例来回答我们。在文学史上，在普通的历史上，尽有男女之间的最纯粹的友谊。不错，但这些情形可以归纳到三种不完全的虚幻的类别中去。

第一类是弱者的雏形的爱，因为没有勇气，故逗留在情操圈内。普鲁斯特着力描写过这些缺乏强力的男子，被女人立刻本能地窥破了隐衷，相当敬重他们，让他们和她作伴。对于这般传奇式的人，她们亦能说几句温柔的话，有若干无邪的举动。她们称之为她们的朋友，但她们终于为了情人而牺牲他们。你们可以想起卢梭、茹贝(Joubert)①、阿米耶尔(Amiel)②等的女友。

有时，女子也可能是一个传奇式的人；在这情形中，可以形成恋爱式的友谊。最显著的例子是雷加弥爱夫人(Mme Récamier)的历史。但这些蒙上了爱的面具的友谊亦是暗淡得可怜。

第二类是老年人想从友谊中寻求慰藉，因为他们已过了恋爱的年龄。老年是最适合男女缔结友谊的时期。为什么？因为他们那时已不复为男人或女人了。卖弄风情啊，嫉妒啊，于他们只存留着若干回忆与抽象的观念而已。但这正足以使纯粹精神的友谊具有多少惆怅难禁的韵味。

有时，两个朋友中只有一个是老年人；于是情形便困难了。但我们亦可懂得，在已退隐的曾经放浪过的青年们中间（如拜伦与曼蒲纳夫人），在彻悟的老年人和少妇之间（如曼蒲纳勋爵与维多利亚王后），很可有美满的友谊。不过，两人中年纪较长的一个，总不免感到对方太冷淡的苦痛。实在这种关系也不配称为友谊，因为一方面是可怜的恋爱，另一方面是虽有感情却很落寞。

在第三种周围内，另有一种甜蜜而单调的情绪，即是那些过去的

---

① 系十八世纪作家。

② 系十九世纪作家。

恋人，并未失和而从爱情转变到友谊中去的。在一切男女友谊中，这一种是最自然的了。性的高潮已经平息，但回忆永远保留着整个的结合，两个人并非陌生的。过去的情操，使他们避免嫉妒与卖弄风情的可怕的后果；他们此刻可在另一方式中自由合作，以往的相互的认识更令他们超越寻常的友谊水准。但即在这等场合，我们认为，就是男女间的友谊是可能的话，亦含有与纯粹友谊全然不同的骚乱的情操。

以上是伦理学家对于"杂有爱的成分的友谊"的攻击。要为之辩护亦非不可能。以欲念去衡量男女关系实是非常狭隘的思想。男女间智识的交换不但是可能，甚至比男人与男人之间更易成功。歌德曾谓："当一个少女爱学习，一个青年男子爱教授时，两个青年的友谊是一件美事。"人家或者可以说，这处女的好奇心只是一种潜意识的欲念化妆成智识。但又有什么要紧，如果这欲念能使刺激思想，能消灭虚荣心！在男女之间，合作与钦佩，比着竞争更为自然。在这种结合中，女人可毫无痛苦地扮演她的二重角色，她给予男人一种精神的力，一种勇气，为男人在没有女友时从来不能有的。

如果这样的智识上的友谊，把两个青年一直引向婚姻的路上，也许即是有热情的力而无热情的变幻的爱情了。共同的作业赋予夫妇生活以稳定的原素；它把危险的幻梦消灭了，使想象的活动变得有规律了，因为大家有了工作，空闲的时间便减少。我们曾描写过，不少幸福的婚姻，事实上，在数年之后已变成了真正的友谊，凡友谊中最美的形式如尊敬，如精神沟通，都具备了。

即在结婚以外，一个男人和一个女人互相成为可靠的可贵的心腹也绝非不可能。但在他们之中，友谊永不会就此代替了爱情。英国小说家洛朗斯有一封写给一个女子的奇怪的残酷的信。这女子向他要求缔结一种精神上的友谊，洛朗斯答道："男女间的友谊，若要把它当作基本情操，则是不可能的……不，我不要你的友谊，在你尚未感到一种完全的情操，尚未感到你的两种倾向（灵与肉的）融和一致的时候，我不要如你所有的友谊般那种局部的情操。"

洛朗斯说得有理，他的论题值得加以引申。我和他一样相信，一种单纯的友谊，灵智的或情感的，决不是女人生活中的基本情操。女人受到的肉体的影响，远过于她们自己所想象的程度。凡她们在生理上爱好的人，在她们一生永远占着首位，且在此爱人要求的时候，她一定能把精神友谊最完满的男友为之牺牲。

一个女子最大的危险，莫过于令情感的友谊扮演性感的角色，莫过于以卖弄风情的手段对待一个男友，把她的思想来隐蔽她的欲念。一个男子若听任女子如是摆布，那是更危险。凡幸福的爱情中所有对于自己的确信，在此绝找不到。瓦莱里有言："爱情的真价值，在能增强一个人全部的生命力。"纯粹属于灵的友谊，若实际上只是爱的幻影时，反能减弱生命力。男子已迫近"爱的征服"，但猜透其不可能，故不禁怀疑自己，觉得自己无用。洛朗斯还说："我拒绝此种微妙的友谊，因为它能损害我人格的完整。"

男女友谊这错杂的问题至少可有两种解决。第一种是友谊与爱情的混合，即男女间的关系是灵肉双方的。第二种是各有均衡的性生活的男女友谊。这样，已经获得满足的女子，不会再暗暗地把友谊转向不完全的爱情方面去。洛朗斯又说："要，就要完全的，整个的，不要这分裂的、虚伪的情操，所有的男子都憎厌这个，我亦如此。问题在于觅取你的完整的人格。唯如此，我和你的友谊才是可能，才有衷心的亲切之感。"既然身为男子与女子，若在生活中忘记了肉体的作用，始终是件疯狂的行为。

此刻我们只要研究友谊的一种上层形式了，即是宗师与信徒的关系。刚才我们曾附带提及，尽情的倾诉秘密不是常常可能的，因为友谊如爱情一般，主动的是人类，是容易犯过的。故人类中最幽密最深刻的分子往往倾向于没有那么脆弱的结合，倾向于一个无人格性的朋友，对于这样的人，他才能更完满更安全的信赖。

我们说过，为抚慰若干痛苦与回忆起见，把那些痛苦与回忆"在社会生活中重新回复一下"是必要的。大多数的男女心中都有灵与肉的冲突。他们知道在社会的立场上不应该感到某种欲念，但事实上他们确感到了。人类靠着文明与社会，把可怕的天然力驯服了，但已给锁住的恶魔尚在牢笼中怒吼，它们的动作使我们惶惑迷乱。我们口里尽管背诵着法律，心里终不大愿意遵守。

不少男女，唯有在一个良心指导者的高尚的、无人格性的友谊中，方能找到他们所需要的超人的知己。对于那些没有信仰的人，唯有医生中一般对于他们的职业具有崇高的观念之士能够尽几分力。医生以毫无成见的客观精神谛听着一个人的忏悔，即骇人听闻的忏悔亦不能摇动他的客观，使人能尽情倾诉也就靠着这一点。杨格（Jung）医生曾谓："我绝非说我们永远不该批判那些向我们乞援的人的行为。但我要说的是，如果医生要援助一个人，他首先应当从这个人的本来面目上去观察。"我可补充一句说，医生，应当是一个艺术家而运用哲学家与小说家的方法去了解他的病人。一个伟大的医生不但把肉体来治疗精神，还把精神去治疗肉体。他亦是一个真正的精神上的朋友。

对于某些读者，小说家亦能成为不相识的朋友，使他们自己拯救自己。一个男子或女子自以为恶魔，他因想着自己感有那么罪恶那么非人的情操而自苦不已。突然，在读着一部美妙的小说时，他发现和他相似的人物。他安慰了，平静了；他不复孤独了。他的情操"在社会生活上回复了"，因为另一个人也有他那种情操。托尔斯泰和司汤达书中的主人翁援助了不知多少青年，使他们渡过难关。

有时，一个人把他思想的趋向，完全交付给一个他认为比他高强的人的思想。他表示倾折：他不愿辩论了；那么，他不独得了一个朋友，且有了一个宗师。我可和你们谈论此种情操，因为我曾把哲学家阿兰当作宗师。这是什么意思呢？对于一切问题我都和他思想相同么？绝然不是。我们热情贯注的对象是不同的，而且在不少重要问题上我和他意见不一致。但我继续受他思想的滋养，以好意的先见接受它的滋养。因为在一切对于主义的领悟中，有着信仰的成分。选择你们思想上的宗师罢，但你一次选定之后，在驳斥他们之前，先当试着去了解他们。因为在精神友谊中如在别的友谊中一样，没有忠诚是不济事的。

靠着忠诚，你能与伟大的心灵为伴，有如一个精神上的家庭。前天，人家和我讲起一个格勒诺勃尔（Grenoble）①地方的一个木商，他是

---

① 系法国东南名城。

蒙田的友人；他出外旅行时，从来不忘随身带着他的宗师的一册书。我们也知道夏多布里昂①、司汤达等死后的友人。不要犹疑，去培植这种亲切的友谊罢，即是到狂热的程度亦是无妨。伟大的心灵会带你到一个崇高的境界，在那里你将发现你心灵中最美最善的部分。为要和柏拉图、帕斯卡辈亲接起见，最深沉的人亦卸下他们的面具。诵读一册好书是不断的对话，书讲着，我们的灵魂答着。

有时，我们所选的宗师并非作家哲学家，而是一个行动者。在他周围，环绕着一群在他命令之下工作着的朋友。这些工作上的友谊是美满的；丝毫不涉嫉妒，因为大家目标相同。他们是幸福的，因为行动使友谊充实了，不令卑劣的情操有发展的机会。晚上，大家相聚，互相报告日间的成绩。大家参与同一的希望；大家得分担同样的艰难。在军官和工程师集团中，在李奥泰②和罗斯福周围，都可看到此种友谊。在此，"领袖"既不是以威力也不是以恐惧来统治；他在他的方式中亦是一个朋友，有时是很细腻的朋友，他是大家公认而且尊敬的倡导者，是这美满的友谊集团的中心。

以前我们说过要使一个广大的社会得以生存，必得由它的原始细胞组成，这原始细胞先是夫妇，终而是家庭。在一个肉体中，不但有结膜的、上皮的纤维，且也有神经系的、更错杂的、有相互连带关系的细胞，同样，我们的社会，应当看作首先是由家庭形成的，而这些家庭又相互连系起来，有些便发生了密切的关系，因了友谊或钦佩产生一种

---

① 夏多布里昂（Chateaubriand，一七六八——八四八），法国外交家和浪漫主义作家。

② 李奥泰（Louis Hubert Gonzalve Lyautey，一八五四——九三四），法国国务活动家，法国元帅。

更错杂的结合。这样，在肉的爱情这紧张的关系之上，灵的爱更织上一层轻巧的纬，虽更纤弱，但人类社会非它不能生存。现在，你们也许能窥探到这爱慕与信任的美妙的组织了，它有忠诚的维护，它是整个文明的基础。

论政治机构与经济机构

婚姻与家庭，虽然有时间和空间的变化，终究还是相当稳定的制度。反之，我们的政治制度和经济制度则是摇摇不定的了。本能原有必然适应的自动性，在此亦给过于新奇的情景弄迷糊了。我们这个时代，物理学家和化学家可以在几十天内使风尚与贸易为之骚乱。人类感着贫穷的痛苦。他们缺少米麦，缺少衣服，没有住屋，没有交通。许多新奇的力量发现之后，使人类得有以少数劳作获得大量生产的方法。这种征服应该是幸福的因素了。但社会只能极迟缓地驾驭他们的新增力量。因了精神和意志特别衰弱之故，我们在充实的仓廪之前活活饿死，在阒无人居的空屋前面活活冻死。我们知道生产，可不知分配。我们所造所铸的货币把我们欺妄了，束缚了。有如在小车时代建造的木桥给运货汽车压坍了一样，我们为简单社会设计的政治制度，担当不起新经济的重负，得重造的了。

但若相信这再造的大业可以很快地完成的话，便犯了又危险又幼稚的大错误了。几个夜晚可以草成一个计划，但要多少年的经验、修改、痛苦，才能改造一个社会。没有一个人类的头脑，能把种种问题的无穷的底蕴窥测周到；更没有人能预料到答案与前途。一八二五年时，当欧罗巴处在和今日同样可怖的危难中奋斗，当暴动的工人搞毁机器的时候，亦无法预料到五十年后欧洲所达到的平衡状态是怎样一回事。那时所能预料的，一个麦考利（Macaulay）①所能预言的，只是此种平衡状态必能觅得而已。

现在我们可以抱着同样的信念。人类的历史没有完呢，它才开始。接着近百年来科学发现而来的，定将是因科学发现而成为必要的社会改革。但这脱胎换骨的适应，将很迟缓。我们且试作初步的准备，先来研究一下我们的形势。

一

现代国家，不论是何种政制，专制也好，寡头政治也好，孟德斯鸠所研究的民主政治也好，其特点是经济作用到了统治一切的程度。凡是往昔由私人经济担当的种种任务，今日都由国家担负了。我们得追究这权力是怎样转移的。

自由经济的世界，如在十九世纪末期的法兰西还能看到的，是由乡村的坚实的机构促成的。那时，在全地球，在无数的企业中，银行、农庄、商号、小店，人们到处在追求财富。他们追求时并无什么全盘的计划，但这千千万万的人的情欲、需求、冒失的总和，居然把平衡状态

---

① 系十九世纪英国政治家兼史家。

随时维持住了。不景气的巨潮并非没有，它亦和今日一样带着大批的灾祸而俱来：失业、破产、倾家，但巨潮的猛烈之势很快有了挽救之方。每个企业的领袖，研究着以前不景气潮的起伏之势，参考着自己和长一辈人的回忆，懂得从前物价曾低落到使人人可以毫无顾忌地购买的程度。在法国为数最多的家庭旧企业中，人们对于这些周期的风浪并不十分害怕。船在大海中把得很稳，亦并不装载过于沉重的资本。在那时代经营家庭工业的人看来，向银行借款是一桩罪恶。如果遭到了这种灾祸，便把家庭生活极力紧缩，直到漏厄填塞了为止。事业的需要胜过人类的需要，或说得准确些，是人和事业合为一体，必须事业繁荣，人类方得幸福。那时代，一个人对于事业的忠诚，竟带着一种神秘色彩，也即是这一点造成了事业的势力与光华。事业的忠诚和职业上的荣誉，是当时法国最普遍的美德。

里昂、鲁贝（Roubaix）①、诺曼底（Normandie）②各处的大店主，从没想到和同业联合起来以消灭竞争，更未想到在经济恐慌时要依赖国家救济。竞争者即是敌人，如果他在社交中——那时也很少——遇到他们，他说话亦很勉强，很留神。和州长部长的关系，也不过在罢工时请求他们保护工厂而已。反之，国家亦难得注意经济问题。党派之分野，多半是为思想，很少为利害关系。经济生活自有个人的反应支持着，这些反应，因为直接受制于极单纯的本能之故，自会应运而生。

多数重要的事业，都由此社会的自然生活承担着。举一个例子来说，在大半的工业城中，法国专门教育是由那些义务教员借着公共场

① 系法国北部织造业中心。

② 法国北方区域。

所组织成的。互助协会的会长与司库只是中等阶级的人，他们于星期日到会工作，计算账目，可毫无报酬；这样，他们使国家不费一钱得有社会保险组织，虽然不完全，但是自动的，诚实的，可靠的。在英国与美国，私人建设在国家生活上所占的地位更为重要。大学有着自己的财产，医院亦是独立的。

无限公司的发达，成为近代经济生活中第二阶段的特点，但亦和第一个阶段的若干重要原素同时并存。股份公司使没有资产的人亦能集合资本去购买近代技术所需的价值日昂的机器。它使下层民众亦能参加大企业。但它所优惠的只是无数庞大的事业，到处都是股东而没有负责的领袖。

不久，因股票的发行、购买、转让而产生的利益，竟超过了工厂、矿产与一切实在的事业。商业变成抽象的买卖，和人类困苦艰难的作为更无丝毫关连。实业家、商人、农夫，在一生所能积聚的财产，一向是被他们的工作与监督的力量限制着的，至此，商业组合，股票转让，笔尖一挥所能挣得的钱财变成没有限制的了。应当看一看数字。在美国，二百家公司共同支配着六百万万美金，合九千万法郎，等于全国财富总额百分之三十四，而这二百家公司的行政人员和参与种种会议的人还不满一千。据最近调查，证明这些人中至少有一部分丝毫不顾他们所管理着的企业的利益。他们以自己的证券做投机事业，操纵着贷借对照表以减少股东的利益，造出虚伪的亏损以逃避法律规定的税则。在他们前面，一个中等人士如果想做一些小小的投资时，便毫无力量，毫无凭借。墨索里尼曾经说过："资本主义的企业，从百万转到亿兆的时候，已变成妖魔般的东西了。企业规模之巨大，超过了人的能力：以前是精神控制着物质，此刻是物质控制着精神了。原是正常的生理状态现在变为病理状态了。"

特别是大战以来，尤其在美国、德国，经济世界显得如一个神话似的，云端里的世界，全给几个妖魔统治着。自然的反应因企业集中而消灭了。获得的欲念胜过了职业上的荣誉观念。有些地方，国家试着保护生产；有些地方，试着限制生产；投机家因愚昧之故，竭力把经济危机延宕着不让它爆发，不知这更增强了爆发时的猛烈之势。本能，在从前是颇有力量的，此刻亦失掉功用。假如你把一群海狸迁居到图书馆里去，它们只能把书籍来筑堤，这种堤是毫无用处的。同样，俭约的人拼命积聚钱财，而纸钞却在他手中渐渐解体，化为乌有。社会尽管牵伸着做出若干动作，表示它还有"垂死之生"，但在受害最烈的地方，麻痹的症候已蔓延到巨灵的全部关节中去。

若果大企业的主持者能够谨慎将事，能够保持规律，则自然反应的缺乏亦不致如是牵动大局。人们可以假定一种由自然的经济领袖统治的经济。领袖中明智之辈即曾探求过此种经济的法则。但其余大多数人，赋有封建思想，宁愿战斗，不爱安全。即以美国而论，垣街的主人翁听让大众投入一九三〇年的金价高潮中去，既不制止，亦不警告。他们却在谣言之上加上谣言。他们漫无限制地贷款给外国，毫不研究归还的可能性。他们使购买国结合起来，使自己的放款无法收回，把买主变成了竞争者。他们甚至不曾清查克莱葛（Kreuger）①的账目。罗斯福总统的一个顾问，曾谓美国最迫切的需要之一，乃是创立

① 系故瑞典火柴大王以破产自杀。

一所银行家学校。

当那些妖魔自认无法阻止他们的魔宫崩坍时，他们，他们的职工和主顾，自然而然齐向国家求援。是国家应当运用权力保护他们，使人家定他们的货，设立机关安插他们，操纵货币以结束经济恐慌，以公家的组织代替私人制度。第三阶段，乞援于国家的阶段，因大众的需求和资本家的卸职而临到了。

在此种历程之初，在孟德斯鸠甚至巴尔扎克的时代，大家所处的社会还是有机体的有生命的。无数的细胞、农村、小铺子、小工厂，互易有无，互相生养，构成了这个社会层次分明的经纬。某几个集团担任了较为错杂的事业，如保险、教育、慈善等。这一切又构成了国家，国家无异一个有生命的躯体的头脑。但头脑不能统治细胞在肉体内发生的内部化学作用，故国家亦不懂事业的内部化学作用；在社会诸原素间，在此社会与异国的人民间，国家只是联络一切的媒介。

在此历程之末，大部分的社会细胞解体了，窒息了，向头脑与神经系统要求代行职务。在法国，病还不至于无可救药；农业社会，手工艺社会，商业社会，依旧生存着；然而试把国家在一九三四年所负的责任与一八三四年的作一比较，便知在我国亦如他处一样，政府这机器变得十二分繁复了，凡是从前遇到艰难时代由独立组织承当的工作，现在都压在政府肩上。它能不能胜任呢？

二

一切团体行动必需有一个领袖。不论是为战败一个敌人或为铺设一条路轨，人类本能都昭示出应当服从一个人的命令。但一个不知规律的领袖，对于一切个人的幸福与安全，都是一种危险。因此，威权与自由两种似乎矛盾的需要，便发生了与人类社会同样古老的争执。民众随着情势之变迁，依违于两者之间。他们需要完成什么艰难的事业时，便倾向于威权；一俟事业告成，又换了自由的口号。

这种转变的例子很多，封建制度与君主集权都是从封建以前的无政府状态中产生的。虽然也有苛求，它究竟被人民接受了，因为在那时代，它代表民众的救星。一俟社会秩序回复之时，要求更大的正谊的欲念，又使人类向法律向君王向议会请求保障了。封建制度并非以强力勒令愤懑的民众遵守的制度。在未被憎恨之前，它亦受人祝祷过来。愤懑是从成功中产生的。故在十八世纪时，专制政体最初获得信任，继而被怀疑，终于酿成革命。法律是为生人制定的；它和人类同时演化，同时生长，同时死灭。

一个国家的形式，若能把行动的威力，尊重私人生活的态度，改换失时的制度以适应新环境的机能等，熔治得愈完满，其生命也愈持久。如英国那样孕育、转变的君主立宪，在一八六〇年左右，确能适合上述的三重理想。它尊重法律，同时亦顾及个人的幸福。那时，它很稳定，因为在民众愤懑时，它具有保护安全的活塞。

在政治上如在经济上一样，一种健全的机构应当有自然的反应。如十九世纪时限制选举与议会制的君主制度中，财政的活塞似乎是切实有效的。选民是纳税人。纳税人自己监督着岁出，遇岁出过巨便立予制止。但那种制度究竟不完全，因为没有大众的代表。这些大众，在那时唯有借了暴动与叛乱来作宣泄愤懑的活塞。于是，在法国是一场革命，在英国是一种妥协，把普选制确定了。这种制度，在很久的时期内使一切公民幻想着真的获有参政权了。以普选选出的议会不啻一个"常设的反叛机关"；代表着国家真实的力量，有拳有枪，使大众不必再在街上揎拳攘臂，亲自出马了。

在相当时间内，这种机构运用得很顺利；以后，有如永远不能避免的那样，种种冲突使它越出了常轨。这冲突的主要原因是什么呢？

一、机械的发明，不独改变了经济制度，且把国家警卫力的性质也变易了。维持秩序的方法，集团的力量，与科学发现，人类信念同时改变了，以至制度的优劣，需视变化无定的媒介物而定。在浑身盔甲的骑士显得不可伤害，坚固的城堡显得不可侵犯的时候，唯有封建制度能够维持秩序。射击火器与炮弹的发明，使君主专制代替了诸侯分霸，以后更由大众来推翻君主政体。威尔斯①在今日预言，种种新式武器、飞机、铁甲车等，使一般优秀的技术家具有制服大众的能力，将来可以重新形成骑士制。更加上广播思想的方法（电影、无线电），能使一个党魁或政府领袖在公共集会以外向群众宣达意旨，几乎如在古代共和城邦中一样的容易。

二、普选与国家膨胀混合起来，产生了财政上的愚民政治。今日监督国家支出的，已不是以议员为代表的纳税人，而是享受利益的人了。"无代表，不纳税。"曾经是英国德谟克拉西的第一句口号，亦是使议会制普遍化的公式。我们则无代表的纳税人与不纳税的代表兼而有之了，因为缴付最重的赋税的是少数人，大多数的选民是不纳直接

① 威尔斯（Herbert George Wells，一八六六——一九四六），英国著名作家，被誉为"科幻小说界的莎士比亚"。

税的。于是最安全的活塞之一给闭塞了。在选举能够直接确定纳税问题时，纳税人的自然反应是有效的。故一个小县，一个小社会里的行政，往往管理得很好。一朝由一种陌生的、遥远的政权来分配恤金与棒给时，街上的平民便看不到纳税与权益之间有何关连了。国家预算与收入，尽量膨胀，超过了一切合理的界限。国家把借以为生的社会吞噬了。纳税人失去了天然的政治自卫力，不是反抗便是逃避。

三、腐化是与人类天性同等古老的一种罪恶，但在自由经济中，便不容易侵入组成真实社会的小组织。各人主持着自己的事业，利益与道德是融和一致的。定购机器的实业家，采办货物的商人，在他们自己的买卖中是不取佣金的。反之，国家或大公司的定货或补助金，若其支配权落在一般不负责任的领袖手里时，腐败的弊病即不能免，因为他们的私人利益和受着委托的公众利益是分得很清的。最诚实的人能抵御物质的诱惑，但法律是不应当为诚实的人订立的啊。再若奥论这活塞能自由发挥功能，危险也就小得多，但舆论正是那些以欺妄获利的人造成的。民众很少有批评精神，故少数活动分子，不必如何操心，即很易操纵他们。富人们，受着愚民政策的威胁时，便把他们的天然武器、金钱来自卫。现代的马基雅弗利①教这些富翁在利益之上蒙上一副"善人德性"的面具。如柏拉图所描写过的一般，民主政治自然而然演化成金钱政治。

四、政权的混乱把鉴别力、生活力、监督力的最后原素也消灭了。以理论言，在一个议会制的政府中，人民选择代表；代表选择执行政权

---

① 马基雅弗利（Niccolò Machiavelli，一四六九——五二七），意大利翡冷翠邦政治哲学家。

的领袖，即那些统治国家的阁员，而舆论更以所选出的两院来间接监督阁员。但事实上，代表们由于一种无可克制的习惯，很快成为麻木不仁的职业者，他们以各种要求来代替他们的监督，阁员们，受着干求的压迫，又被议会和许多常设委员会①弄得疲于奔命，唯有努力延长自己的局面，而非治理国事了。

于是，当社会解体，国家被召去承继如是棘手的事业时，它亦没有威权，没有适应时势的反动力，没有连续一贯的计划。

三

别国的集权主义的成功，此时使关于我们的制度的批评，显得更苛刻更危险。特殊事故之能转变一般思想，历史上已有明证。君主立宪的英国的胜利，在十八世纪初叶使多少倾向君主专制的思想都为之转变。"不列颠海军与玛鲍罗葛(Malbor-ough)②产生了洛克与其他英国哲学家趋向欧洲大陆的潮流。"拿破仑的败灭，更增强了欧洲各国倾向英国政体的风气。十九世纪时不列颠工商业称霸世界，一八七〇至一八八五年间法国迅速复兴，一九一八年协约国战胜，这些史实又加增了自由议会制的威信。凡由国际条约产生的新国家，没有一个敢不采两院制。非洲，甚至在亚洲，也似乎被这传染病征服了。

一九二〇——九三〇这十年间，协约国无力重建欧洲的均势了，于是威信墬落。意大利法西斯主义的成功，它的创立者的天才，俄罗

---

① 他们比阁员更稳定，极有权力，可毫不负责。

② 系十九世纪英国名将。

斯的革命，创造了全然相反的一种方式。德国，最先想仿效战胜国的法律，后来终亦拥出一个狄克推多。政治哲学家正在寻找理由来罡黜他们以前崇拜的制度。

要从这些国际的模仿中去找出定律来是很难的。传染病在某些疆界上也会停止蔓延。在法国大革命时，许多英国人，对于革命的普遍的胜利，有的表示害怕，有的表示期望，事实上，法国大革命并没此种普遍的胜利。但虽然没有表面上的革命，别的民族亦会借用邻国的新制度，因为它适应实际的需要，适应一般风俗的转变。我们可说，大战以后德国史上最重要的事变，莫过于模仿罗马了。

然而，如果思想真会传染的话，它从一个地方传到另一个地方时，亦能变形。制度成功之后，常使名字与象征具有一种暗示力，而那些名字口号即以渗透作用深入邻国。"帝国""恺撒"这些名词，直至两千年后的今日还保有相当的力量。意大利法西斯主义的姿态、字汇，被全世界抄袭了去。但无论哪一个民族，尽管自以为承受了别一个民族的组织，实际上总以自己固有的民族天才把别人的组织改变过了，这天才即是他的历史的机能。法兰西共和国，不论他自己愿或不愿，确是继续着路易十四与拿破仑的"集中"事业（l'oeuvre centralisatrice）。马克思的社会主义，在俄国亦不得不承受沙皇时代的官僚传统。在德国，罗马的法西斯主义变成了异教的、狂热的、极端的。字汇的混淆，造成了思想的混淆，令人相信使用相同的名词即能造成相同的制度。

多少谈论议会制度的人，不论是颂赞或诅咒，似乎都相信这种制度在一切采用它的国家内都是相同的。事实上，从英国输入法国和美国的制度，在三个国家中各有特殊的面目。不列颠宪法以解散议会权为基础，这便构成了执行政权的人的威力与稳定，又加各大政党对于领袖的忠诚，各个政党领袖共同对于君王的忠诚，亦是英国宪法的基础。在美国，总统成为权力远胜英王几倍的独裁者，但他是选举出来的，而它的议会亦远没有英国下院般的权力。法国的个人主义，则使稳固的政党组织变得不可能，一桩历史上的事故，例如麦克马洪①的冒险的举动，使解散国会这武器成为无用。可见即在国家内部，未经任何新法律所改变过的宪法，亦会受着事变的影响而演化。

因此，把民主和独裁，自由和集权对峙，好似确切固定的形式一般，是完全不正确的。我们可再说一遍：一切制度，随着自然的节奏，在自由与集权之间轮流嬗变。没有一种民主政治可以不需威权，也没有一种独裁不得大多数被统治者的同意而能久存。塔列朗②曾言："有了刀剑你什么都可以做，但你不能坐在刀剑上面。"没有一个领袖，单靠着卫队，不得大多数国民的同意或至少是不干涉态度，而能创造一种持久的政体的。最煊赫的威名，也不能使一个领袖把他的民族导向违反本国历史传统的路上去。邻国新政体的成功，能以传染与模仿之力，左右一个依违于自由和集权之间的国家的政治生活；但经过了一番迷离歧途的痛苦之后，它仍将继续它固有的历史传统。

由此可知，在法国，问题绝不在于抄袭俄、意、德诸国的制度，那是和它不同的历史的产物，而且那些制度之有无价值，还需因执行者的品格而定，问题是在这些外国食粮中辨识何种才能拿来消化成自己的

---

① 麦克马洪(Mac-Mahon，一八〇八——一八九三)，法国元帅，第二任大总统，曾滥用解散议会权，铸成大错。

② 塔列朗(Talleyrand，一七五四——一八三八)，法国政治家兼外交家。

本体，更进一层，还得将自己的法律，研究其错综变幻，以探寻其与现社会发生冲突的要点。

四

把法律加以简单的更动，是否能在国家生命上发生深切的影响？症结岂非尤在国民的灵魂而不在法律么？

在有些时候，信仰确能为法律之所不能为。在我们的弊病中，道德原则的衰落，也确应当和制度的衰老负着同等责任。瓦莱里在孟德斯鸠全集序言中，叙述人类在繁荣时代怎样会遗忘成功的秘诀——道德，而在忧患重临时又怎样会重新去称颂那些为社会必不可少的美德。克列孟梭①曾谓，一个强毅果敢之士，在公众情操期望威力之时，可以不必涉及法律而径以领袖的态度统治。但此种因情操剧变而发生的更动，唯有改革制度方能维持长久。

斯宾诺莎②的《政治论》中有言："人类必然是情欲的奴隶。若是一个国家的运命完全系于个人的诚实，凡百事务必须落在老实人手里方能处理得很好时，这个国家决不会如何稳定……在国家的安全上讲，只要事务处理得好，我们亦可不问政府施政时的动机何若。个人的德性是自由或魄力，国家的德性却是安全。"

我们认为，健全的宪法，其定义可以归结如下：如果宪法能使政

---

① 克列孟梭（Georges Clemenceau，一八四一——一九二九），法国著名政法家、新闻记者，曾任第三共和国总理。

② 斯宾诺莎（Baruch de Spinoza，一六三二——一六七七），荷兰哲学家，唯理性主义者。

府人员之奉公守法，不但是因赋有热忱、德性、理智之故，且为他们的本能与利益所促使，那么，这宪法便是良好的宪法。

法律所能自动施于情欲的影响，不难举例。在法国，何种简单的动机促使政府不稳定呢？我们不妨把英法两国议员对于秉政内阁所怀抱的情操作一比较。假定此两国人士的爱国心与野心差不多相同。一个英国议员，若投票反对自己的政党而参与倒阁运动，究竟能有什么希望？一些好处也没有。他将因此脱党，使自己下届不能重新获选。他亦决无入阁的可能，因为内阁几乎一定会采取解散国会的措置。国会的解散，使他在任期未满以前，不得不筹一笔安排选举运动的费用。若使他欺弄了他的政党，他必得同时牵连到他的选区。而这亦不是一件容易的事。故英国议员的私人利益，完全依赖着政府的稳定。在英国，倒阁是没有报酬的。在法国，却有这种报酬，议员的私人利益有赖于政府的不稳定。如果他参与倒阁，又有什么可惧？他将有重新竞选的危险么？当然不，既然从不解散国会已经成为一种习惯。他将被开除党籍么？这或许可能，但众院里的政党那么多，他立刻可以加入另一个党。反之，对于下台的阁员，他能取而代之么？得承认他有此机会。政府领袖在组织新阁时，往往把对前任内阁玩了巧妙的手段的某某议员，依为股肱。他们宁愿一个危险分子做他们的羽党而不愿他居于敌党。在我国，习惯使倒阁有了酬报。

在若干构造很好的机器中，工人的一桩错误或零件的一些毛病会自动促成一种动作，把机器校准；同样，在完满的宪法中，统治者的过失亦能自动促成制裁。当然，我们应想到完满的宪法是永远不存在的，即使人们能够悬想，亦难适应动荡不已的风俗。这并非说因此我们便不必把宪法去适应目前的局势。但宪法的改革，如一切改革一样，应从风俗方面去感悟，而不当着重抽象的推理。因为当国家的威权能够及于法律时，国家的威权亦早已恢复了。

五

政治上的改革能不能使国家去补足自然经济（économie spontanée)的匮乏？我不信这种结果是可能的，亦不信是值得愿望的。由国家单独统治的经济永远是勉强的。一切工作将因之官僚化；集团救济亦将有所不足，因为当未来的疾苦显得"非个人的"疾苦时，也不会如何令人惊怀了；连选利益的压迫，胜过了需要与责任的压迫。国家可以有益地运用监督机能；它可以强迫生产者顾及大众利益；但事实证明它若要支配生产，必得把权力转移。

那么怎么办呢？恢复一个与十九世纪相仿的社会么？鼓励那些在经济恐慌时有神妙的调节力的小农庄，小企业，使它们复兴么？许多国家都试着这么做。美、德、意各国的政府，都希望能创造那些非"企业的"而只是生产食粮的农庄。即在法国，因为工业到处都和农业有密切的关连，工人们家里都有一方菜园，故失业的痛苦亦没有别国剧烈。在英国，某阁员正在设法振兴农业。在俄国，由莫斯科指挥一切的计划，试行了很久，现在却亦努力放弃官僚政治而提倡土著生活了。在美国，小企业及中等企业之比着大实业更易复兴，已是大家公认的事实。应当恢复那有生机的生活方式，应当把这一点劝告青年，这是毫无疑问的。我们使青年们抱着"大量生产""巨额主义"的理想也太久了。我们可以假想，未来的一代，将寻求一种悠闲的耕种生活，只要简单的工作便可支持的生活。

但此只是本问题许多原素之一。若干技术，因性质关系，唯有在大工厂中方能实现。交通事业与重工业的集中，公务员联合会的势力，都是事实。人们尽可不赞同，尽可表示扼腕，但不能否认它。自由主义本身固不失为良好的主义，在理论上，几亦无懈可击。但它有一点大毛病，即是已经死灭了。我们是否应当去请教职业组织及劳资联合会，以便驾驭这些巨大的机器？此种会社之目的，在于团体的自卫，在于和另一个团体斗争，以前，它们难得顾虑处在明哲的观点上必需顾到的国家利益。它们组成激烈的、富于感情的团体，领袖们也只筹划如何获得会员的赞同，全不知国家有何需要，他们的敌人有何理由。

然而这些职业会社中尽有内行的人才。假令不请他们参与政权而只去咨询他们，是不是有益的呢？人家已经用种种不同的方式试过，结果老是很平庸，或竟毫无。咨询委员会是最枉费的组织。委员们知道自己是毫无势力的，故对于无目标的工作感到厌倦。"愿而不为的人酿成腐败。"开会时难得出席，决议亦没有下文。一个委员会所能产生的是报告书而非行为。

但一种工业，不能在国家监督之下自己定出一种法规，定出若干制度么？这似乎并非不可能。唯我们对于此等方法究能有何种期望，则尚须等待美国与意大利试验的结果如何，方可知道。如果结果有利，则我们可在同样的制度中，以生产者相互间的协定，获得统治生产的方法，且在新形式下，有方法重新组织一个具有健全反应的活的社会，重新确立一种职业的荣誉。

有人常把人类比作一个失眠的人，因为右侧睡不熟，故翻向左侧，几分钟后，重复转向右侧。这境象可说形容毕肖。人们对于使其受苦的弊病加以反抗；他们试用一种全然相反的方法；应用到矫枉过正的地步，到荒谬绝伦的地步，以致又促成了新的弊害；于是，百年前称为解放的，现在称为苛暴，往昔的弊病重新成为热烈愿望的一种改革。

中世纪时曾有过统治经济，订定物价与工资的权，不是操诸竞争者，而是先在同业联合及同业会手中，终于落在国家掌握内。有利率的贷款与"收益"这种思想，是被教会排斥的。教会承认人类有以劳作来增加自己财富的权利，但不承认他称为高利贷的放款，不问放款之数目多寡。为避免生产过剩起见，选择职业权的限制之严，远过于罗斯福总统的复兴法规。

随后，时代变了，十八世纪末叶，人类开始反抗上述的思想，经济学家宣称，自然律的变化，较诸同业的监督更能保障物价的正当变动。各人依着自己的利益而行动，私人利益的总和终究与公共利益相符。此种主义在当时的大地主目光中是革命的。自由，无异是"急进"。酝酿法国大革命的"头脑组合"（trust des cerveaux）即是自由经济学者组成的。同业会被当时的急进派斥为"流弊无穷"，抨击不遗余力。

一个半世纪过去了，循环的周圈告成了。在今日，经济学上的自由主义者是保守者。正统派的大家，把中世纪的统治经济认为"急进的"、危险的。而年轻的人对于高利贷，又抱着如十二世纪时教会所倡的那么严厉而明哲的主张。他们把产业区别为具体的（如农庄、小商店、主人自营的小企业等）与抽象的（如股东、董事等的产业）两种：前者是他们认可的，后者是排斥的。有的有意识地，有的无意识地，他们都祝祷人类回到在三百年前已非新颖的思想与制度上去。

我们再来观察英国。这个国家曾经是自由贸易与放任制度的禁城，这些主义也为它挣了全部财富，但数年来已听到有完全相反的理论：这岂非可怪么？英国今日亦在怨叹自由的放任制度，而需要"他的计划"了。它便创立了无数的计划。有"牛乳计划"，有"猪类计划"，有"啤酒原料计划"。不列颠政府向棉业界钢业界的人说："我们极愿保护你们，但有一个条件，即你们得妥协，定货得由大家来分配，得确定你们的工资，并且一律遵守，国外市场应当用合理方法共同研究。"这不是中世纪的同业组合经济是什么呢？放任了多少年之后，岂非重又回到从前英国羊毛以集团方式输入弗朗特①的局势么？

这种说法，可不足以借此反对似乎新颖实是再生的主义。这等往复循环的运动是极自然的，而且是必需的。人类永远缺少节制。因为自由是一种美德，故把自由滥用，直到无政府状态。于是，发觉他所继续推行着的混乱状态（他还不相称地谓为自由），使一切社会生活变得不可能了，他便喊起集权的口号。他们是对的，或更准确地说，如果他们只以恢复威权为限，他们是对的。但如他们狂嗜自由一般，他们又狂嗜威权了。他们把最不足为害的东西，也说是自由的过失。威权与苛暴，坚决与蛮横，他们都混在一起，终于，不可胜数的极端行为，使一般为提倡而牺牲的人都感到失望。在新恢复的秩序中，要求独立的愿望与嗜好觉醒了。不久，三十年前的人冒着锋镝去打倒的东西，人们又不惜牺牲生命去争取。

① 即比利时荷兰境。

挽救之道莫如在生死关头悬崖勒马。但往前直冲的来势太猛了，钟锤依旧在摇摆。这便是我们所谓的历史。

六

哲学家们常常问，这些周期的来复，是否使人类永远停留在同样悲惨同样愚蠢同样偏柩的水准上，或相反，钟锤在摇摆之中慢慢地升向更幸福的区域。我相信这并不真正成为问题，也不是如何重要的问题。政府的职责，在于补救目前的灾患，准备最近的将来，它的工作不是为辽远的前程，为几乎不可思议的境界。班维耶①有言："凡是弹精竭虑去计算事变的人，其所得的结果之价值，与对着咖啡壶作观察的人所得的，相差无几。"

人类经历平衡的阶段（一八七〇——九一四间我们父辈的生活便在此阶段中度过）。随后他进到了狂风暴雨与冲突击撞的境界。这些冲突解决之后，人类又达到一个新阶段。这时候，两种冲突应该得到解决了。第一是最严重的：经济冲突。自由的资本主义不存在了，国家经济亦难有何等成就。在私有产业的利益（这似乎是无可代替的）与明智的监督之间，应当觅得一种沆瀣一气的方法。问题定会解决，而我们敢言，此解决方式既非共产主义的，亦非资本主义的，而是采取两种主义的原素以形成的。同样，政治争端的解决方式，既不会是纯

---

① 班维耶（Jacques Bainville，一八七九——九六三），法国历史学家。

粹民主的，亦不会是纯粹集权的。正的论调也好，负的论调也好，黑格尔曾阐述过，人类社会的历史，是由那些相反制度递嬗的（有时是突兀的）胜利造成的。随后，犹疑不决的智慧所认为矛盾的原素，毕竟借综合之力而获得妥协，而融成有生机的社会。

论幸福

在我们的研究的各阶段中，随时遇到幸福问题。婚姻是不是一对男女最幸福的境界？人能不能在家庭在友谊中找到幸福？我们的法律是否有利于我们的幸福？此刻当把这不可或缺而含义暧昧的字，加以更明白的界说。

何谓幸福？韦特内勒①在《幸福论》那册小书中所假设的定义是："幸福是人们希望永久不变的一种境界。"当然，如果我们肉体与精神所处的一种境界，能使我们想："我愿一切都如此永存下去"，或如浮士德对"瞬间"所说的"噢！留着罢，你，你是如此美妙"，那么，我们无疑地是幸福了。

但若所谓"境界"，是指在一时间内占据一个人意识的全部现象，那么，这些现象之持久不变的存续时间，是不可思议的。且亦无法感知它是连续的时间。什么是不变化的时间呢？组成那种完满境界的

① 韦特内勒（Fontenelle，一六五七——七五七），法国作家和科学家。

成分，既然多数是脆弱的，又怎么会永存不变呢？如果这完满境界是指人而言，那么他有老死的时候；如指一阕音乐，那么它有静止的时候；如指一部书，那么它有终了的时候。我们尽可愿望一个境界有"持久不变的存续时间"，但我们知道，即在我们愿望之时，那种不变，那种稳定已经是不可能了，且就令"瞬间"能够加以固定，它所给予我们的幸福，亦将因新事故的发生而归于消灭。

故在组成幸福境界的许多原素中，应当分辨出有些原素尽可变化而毫不妨害幸福，反之，有些原素则为保障幸福的存续所必不可少的。在托尔斯泰的一部小说①中才订了婚的莱维纳，走在路上觉得一切都美妙无比，天更美，鸟唱得更好；老门房瞩视他时，目光中特别含有温情。但这一天的莱维纳，在别一个城市里亦会感到同样的幸福，所见的人与物尽管不同，他却一样会觉得"美妙无比"。他随身带有一种灵光，使一切都变得美妙；而这灵光亦即是他的幸福的本体。

构成幸福的，既非事故与娱乐，亦非赏心悦目的奇观，而是把心中自有的美点传达给外界事物的一种精神状态，我们祈求永续不变的亦是此种精神状态而非纷繁的世事。这精神状态真是"内在"的么？除了外界一切事物能因了它而有奇迹般的改观以外，还有别的标识，足使我们辨别出此种精神状态么？我们的思想中若除了感觉与回忆，便只剩下一片静寂的不可言状的空虚。神秘的入定的幻影，即使它只是一片热烘烘的境界，亦只是幻影而已。哪里有纯粹的入定，纯粹的幸福呢？有如若干发光的鱼，看到深沉的水，海里的萍藻与怪物，在它们

---

① 系《安娜小史》。

迫近时都发射光亮，却看不到发光的本体，因为本体即在发光鱼自身之内，同样，幸福的人在凡百事物中观察到他的幸福的光芒，却极难窥到幸福本体。

这光或力的根源，虽为观察者所无法探测，但若研究它在各种情形中的变幻时，有时亦能发现此根源之性质。在确定幸福的性质（这是我们真正的论题）之前，先把幸福所有的障碍全部考察一下，也许更易抓住我们的问题。我们不妨打开潘多拉①的盒子，在看着那些人类的祸患往外飞的时候，我们试把最普通的疾苦记录下来。

首先可以看到灾祸与疾病的蜂群。这是一切患难中最可怕的，当灾祸疾病把人类磨难太甚而且磨难不已的时候，明哲的智慧亦难有多少救治之方了。像禁欲派那样的说痛苦只是一个名词，固然是容易："因为，他们说，过去的痛苦已不存在；现在的痛苦无从捉摸；而未来的痛苦还未发生。"事实上可不然。人并非许多"瞬间"的连续，我们无法把那些连续随意分解开来。过去的痛苦的回忆，能把现在的感觉继续的加强。无疑的，一个强毅之士能和痛苦奋斗而始终保持清明宁静的心地。蒙田曾以极大的勇气忍受一场非常痛苦的疾病。但当生命只剩一声痛苦的呼号时，即是大智大圣又有何法？

---

① 希腊神话：潘多拉（Pandora）是人类中第一个女子，赋有一切美德。宙斯于伊嫁给人类中第一个男子爱比曼塞夫斯（Epimetheus）时赠予一盒，把一切灾祸、疾病、死亡、贫穷、嫉妒等禁锢在内。爱比曼塞夫斯不听嘱咐，偷偷地把盒子打开了，于是人间满布着灾祸的种子。此项神话与基督教传说中的亚当与夏娃含有同样的意义。

至于贫穷，狄奥也纳①自然可以加以轻蔑，因为他有太阳，有他的食粮，有他的木桶，且亦因为他是独个子。但若狄奥也纳是失业者，领着四个孩子，住在一座恶寒的城里，吃饭得付现钱的地方，我倒要看看他怎么办。在朱尔·罗曼②一部题作《微贱者》的小说中，有一章描写一个十岁的儿童发现贫穷的情景。这才是真正的受苦。实际上，把哲学去安慰饥寒交迫的人无异是和他们开玩笑。他们需要的却是粥汤与温暖啊。

这些疾病与贫穷的极端情形，可决不能和虽然难堪，究竟没有那么可怕，且亦不成为幸福的真正阻碍的情形相混。禁欲派把我们的需要分作两类，一是**"自然的，不可少的"**需要，如饥与渴，那是必需满足的，否则会使我们什么念头都没有而只一天到晚地想着它；另一类则是**"自然的但非不可少的"**需要：这种辨别极有理由。人世固然有真正的疾病真正的贫穷，值得我们矜怜。但幻想的疾病和真实的疾病一样多。精神影响肉体的力量，令人难于置信，而我们的疾苦多数是假想的。有真的病人，亦有自以为的病人，更有自己致病的人。蒙田在波尔多（Bordeaux）③当市长时，对市民说："我极愿把你们的事情抓在手里办，可不愿放在肺肝之中④。"

和志愿病人或幻想病人一样，亦有幻想的穷人。你说如何不幸，

---

① 狄奥也纳为公元前四世纪时希腊制欲派哲学家，主张自然生活，排斥财富。他终年跣足，夜间睡在庙堂阶前的一只木桶中，他所有的衣服只有一袭大髦。

② 朱尔·罗曼（Jules Romains，一八八五——九七二），路易·法里古勒的笔名，法国小说家、剧作家、诗人和"一体主义"诗歌的倡导者。

③ 系法国西部大商埠。

④ 即空费心思之意。

因为普及全人类的经济恐慌减少了你的收入；但只要你还有一个住所，还能吃饱穿暖，你说的不幸实是对于真正的贫穷的侮辱。一个朋友告诉我，有一个做散工的女佣，因为在更换卧室时，她的最美的家具，一架弹簧床，无法搬入新屋，故而自杀了。这是虚伪不幸的象征。

贫困与疾病之外，其次是失败了：爱情的失败，野心的失败，行动的失败。我们怀抱着种种计划，幻想着某种前程；但世间把我们的计划挫折了，未来的希望毁灭了。我们曾希望被爱，可没有被爱，我们日夜受着嫉妒的煎熬。我们期望一个位置，一项报酬，一种成功，一次旅行，而都错过了。在这等情形中，制欲派的学说自然占胜了，因为这些不幸，大半并非实在的不幸，而是见解上的不幸。为何觖望的野心家是不幸的呢？因为他肉体受苦么？绝对不。而是"因为对于过去，他想着阻止他实现愿望的过失；对于将来，想着敌手的机诈将妨害他的成功"。如果不去想可能的或将来的局面，而努力正确地想他现在所处的情况，那么差不多常是很过得去的局面。我愿一般幻想病者接受圣伊格纳斯（Saint Ignace）在修炼苦行中所劝人的方法，即必须把我们的情操的对象，努力想象出来，丝毫不加改变。

你曾想做部长而没有做到。这是什么意思呢？是说你不必自朝至暮去接见你不愿见的干求者。是说你对于无数的麻烦事情，你无暇加以研究的事情，不必负责。是说你不必每星期日出发到遥远的县份中去，受市府乐队及救火会军乐队的欢迎，你不必在那里演讲什么欧洲政局问题，以致在翌日引起十几国的报纸的攻击。没有这些舒服事做，你不得不过着安静的生活，度着悠闲的岁月，重读你心爱的书籍，如你欢喜朋友还可和他们谈天。假使你多少有些想象力的话，这便是你的失败所代表的种种现象。这是一桩不幸么？"今晚，"司汤达写道，"我因为没有做到州长而我的两个助理却做到了，故灵魂上微微受着悲哀的创伤。但若我必须在六千人口的窟洞里幽闭四五年时，恐怕我更要悲哀哩。"

假令人们对于自己一生的事故，用更自由的精神去观察时，往往会识得他们所没有得到的，正是他们所不希冀的。因为"我愿结婚""我希望当州长""我极想作一幅美丽的肖像画"之类的口头的愿望，和一切人类实在的愿望有很大的区别。后者是和行为暗合的。除了若干事实的不可能外，一个人自会获得他一意追求的东西。要荣誉的人获得荣誉；要朋友的人获得朋友；要征服男子的女人终于征服男子。年轻的拿破仑要权力；他和权力之间的鸿沟似乎是不可能超越的。而他竟超越了。

固然，有许多情形，因恶意的事故使事情不能成功；要轰动社会不是容易的事；人自身之中便有阻碍存在，这是屡见不鲜的情景。他自以为希冀一种结果，他自身却有某些更强烈的成分使他南辕北辙。再把朱尔·罗曼的小说来作比罢。上文提及的儿童的父亲，巴斯蒂特（Bastide），自以为要谋事，实际上却拒绝人家给予他的位置，故仔细观察之下，他原不希望有事情做。我屡屡听到作家们说："我要写某一部书，但我所过的生活不允许我。"这是真情；但若他热烈地要写那部书，他定会过另一种生活。巴尔扎克的坚强意志，对于作品的忠诚，即有他的生活——更准确地说，他的作品，为之证明。

在柏拉图《共和国》第十卷中，有一段关于"幸福"的美妙的神话，即阿尔美尼人哀尔（Er l'Arménien）下入地狱，看见灵魂在死后所受的待遇那个故事。一个传达使把他们齐集在一起，对着这些幽灵作如下的演说：

——过路的众魂，你们将开始一个新的途程，进入一个会得死灭的肉体中。你们的命运，并不由神明来代为选择而将由你们自己选择。用抽签来决定选择的次序，第一个轮到的便第一个选择，但一经选择，命运即为决定，不可更改的了……美德并无什么一定的主宰；谁尊敬它，它便依附谁；谁轻蔑它，它便逃避谁。各人的选择由各人自己负责；神明是无辜的。

这时候，使者在众魂前面掷下许多包裹，每包之中藏有一个命运，每个灵魂可在其中捡取他所希冀的一个。散在地下的，有人的条件，有兽的条件，杂然并存，摆在一起。有专制的暴力，有些是终生的，有些突然中途消失，终于穷困，或逃亡，或行乞。也有名人的条件，或以美，或以力，或以祖先的美德。也有女人的命运，荡妇的命运，淑媛的命运……在这些命运中，贫富贵贱，健康疾病，都混合在一起。轮着第一个有选择权的人，热衷地上前，端相着一堆可观的暴力；他贪心地，冒失地拿起，带走了，随后，当他把那只袋搜罗到底时，发现他的命运注定要杀死自己的孩子，并要犯其他的大罪。于是他连哭带怨，指责神明，指责一切，除了他自己之外，什么都被诅咒了；但他已选择了，他当初原可以看看他的包裹的啊。

看看包裹的权利，我们都有的。你为了野心或金钱而选中这一件婚姻，但你如我们一样明知那女子是庸俗的，两年三年之后，你怨她愚蠢；但你不是一向知道她是愚蠢的么？一切都在包裹里。一味的追求财富或荣誉，差不多老是要使人变得不幸，这是毋需深长的经验便可发觉的。为什么？因为这一类的生活，使人依赖身外之物。过分重视财富的人最易受着伤害。野心家亦如此；因了他自己也不明白的事故，因了一句传讹的话，使他遭强有力者的厌恶以致失败了，或被民众仇视甚至凌虐。他将谓没有运气，命运和他作对。然而凡是追逐不靠自身而依赖外界方能获得幸福的人，命运总是和他作对的啊！这亦是在包裹之内的。神明终是无辜的呢。

野心与贪心使我们和别人冲突，但还有更坏的灾祸的成因：即是和我们自己冲突。"我也许做错了；也许自误了，但我已竭尽所能，我依着我自己的思想而行动的。我说过的话，或者我此刻还可重说一遍，或者假令我的见解改变了，我可毫无惭愧地承认是为了极正当的理由，因为我以前所依据的材料不正确，或因为我推理有误。"当我们返顾昨日以至一生的行为而能说这种坦白的话时，我们是幸福的。只要有此内在的调和，多少苦恼的幻想，多少和自己的斗争都可消灭。

按诸实际，这自己和自己的协调是稀有的；我们内心都是冲突。我们中每个人内部有一个"社会人"与情欲炽盛的"个人"，有灵与肉，神与兽。我们受着肉欲的支配，但在沉沦之后我们又很快恢复为明哲之士，想到此层真是可憎。赫胥黎①曾言："一个人不能听从自己的'断续支离性'（discontinuité）来行事。他不能使自己在饭前是一个人，饭后又是一个人。他不能听任时间、心情或他的银行往来账去支

① 赫胥黎（Aldous Leonard Huxley，一八九四——一九六三），英国作家。神秘主义者。

配他的人生哲学。他需要替自己创造出一个精神范型以保障他的人格之廉续性。"

但这内在的秩序与和谐是难以维持的，因为我们的思想，其实在的根源多数和我们所想象的有异。我们自以为是理智的推蔽，其实是我们用了错误的判断与并不坚实的论辩，以满足我们的怨恨或情欲。我们怀恨某个民族某个社会，因为这民族这社会中的一个人，在我们一生的重要场合损害了我们之故。我们不肯承认这些弱点，但在我们内心，却明知有这些弱点存在，于是我们对自己不满，变得悲苦、暴烈、愚妄、侮辱朋友，因为我们知道自己不能成为愿望成为的人物。在此，苏格拉底的"认识你自己"的教训，便变得重要了。一个智慧之士，若欲达到宁静的境界，首先应将使他思想变形的激情与回忆，回复成客观的，可以与人交换向人倾吐的思想。

幻想除与过去发生关系外，还有与未来的关系。"不幸"的另一原因是，在危险未曾临到时先自害怕，先自想象危险的景况。有些恐怖固然是应当的甚至是必需的。一个不怕给汽车撞倒的人，便可因缺少想象而丧生。一个民族，若不怕敌对的武装的邻人，很快会变成奴隶。但若对于那些太难预料的危险也要害怕，那是白费的了。我们认识有些人，因为害怕疾病，因为恐惧丧生而不愿活下去了。凡是害怕丧失财产的人，想象着可能使他破产的种种灾祸，放弃他眼前所能享受的幸福，而去酝酿自己的不幸，这些不幸若竟发生了，亦即是把他磨折到祸由自招的不幸的地步。嫉妒的人，设想他的爱人的德性会有丧失的危险；他无法摆脱这种思念，终于把情人对他的爱消灭了，只因为监视过严：他害怕的失恋，终于临到了，只因为他太谨慎周密。

一件灾祸未曾临到的形象，比着灾祸本身更加骇人，故恐怖的痛苦格外强烈，且亦更其无聊。疾病是残酷的；但看见别人患病而引起我们的害怕更残酷，因为真正病倒了时，发热与病时状态，好似造成了一个新的躯体使其反应的方式与平时异样。多数的人怕死。但我们所能想象到的一切死的境界是不真确的，因为第一，我们不知道自己的死是否突如其来的，且在寻常状态中，对于"死"这天然现象，自有一种相当的肉体状态去适应的。我曾有一次遇险几乎丧生，我还留着极确切的形象。我失去了知觉，但我所有在出事前数秒钟的情形的回忆，并不痛苦。阿兰认识一个人，如阿尔美尼人哀尔一样，曾经游过地狱，他是溺死了被救醒转来的。这死而复苏的人，叙述他的死况，一些也不痛苦。

我们对于未来的判断老是错误的，因为我们想象痛苦的事故时，我们的精神状态，是尚未经受那种事故的人的精神状态。人生本身已够艰苦了，为何还要加之虚妄的惨痛的预感呢？在一张最近的影片中有一幕表现一对新婚夫妇搭着邮船度蜜月去，他们瞭望着大海，正是幽静的良夜，远处奏着音乐。两个年轻人走远去的时候，我们看到刚才被他们身子掩蔽着的护胸浮标，上面写着"铁坦尼克"(Titanic)①。于是，为我们观众，这一幕变成悲怆的了，因为我们知道这条船不久便要沉没；为剧中的演员，这良夜始终是良夜，如其他的良夜一样。他们若果恐惧，这恐惧亦将是准确的预感，但因了恐惧，未免白白糟蹋了甜蜜的时光。许多人即因想象着威胁他们的危险而把整个的一生糟蹋

① 系世界著名巨船——英国邮船——一九一二年四月十四日在大西洋中为冰山撞沉。

了。"只要顾到当天的痛苦已足"。

末了，还有富人阶级及有闲阶级的不幸，其最普通的原因是烦闷。谋生艰难的男女，可能是很苦的，但不会烦闷。有钱的男女，不去创造"自己的"生活而等待着声色之娱时，便烦闷了。声色之娱对于具有"自己的"生活之人①确是幸福的因素之一，因为他在声色之娱中自己亦变成了创造者。正在恋爱的人爱观喜剧，因为他生活于其中。如果墨索里尼观《恺撒》一剧时，一定会幻想到自己的书桌。但若观众永远只是观众，"若观剧者在自己的生活中不亦是一个演员"的话，烦闷便侵袭他了，由烦闷，更发生大宗的幻想病：例如对于自己作种种的幻想，对于无可挽救的过去的追悔，对于渺茫不测的前途的恐惧。

对于这些或实在或幻想的病，有没有逃避之所或补救之方呢？许多人认为不可能，因他们觉得把此种挽救的可能性加以否认，亦有一种苦涩的病态的快感，这真是怪事。他们在不幸中感到乐趣，把想要解放他们的人当作仇敌，当作罪人。固然，在遭遇了丧事，或苦难，或重大的冤枉的失败时，最初几天的痛苦，往往任何安慰都不相干。这时候，做朋友的只能保持缄默、尊重、叹惜、扶掖、静待的态度。

但谁不识得家庭中那些擅长哭泣的女子，努力用外表的标识去保持易被时间磨灭的哀伤？那般一味抓住无法回复的"过去"的人，

① 即具有独立生活之人。

如果他们的痛苦只及于他们个人的话，我为他们叹惜；但若他们变成绝望的宣传员，指责希望生活的更年轻更勇敢的人时，我要责备他们了。

哭泣之中，总有多少夸耀的成分……

这种夸耀，我们须得留神。真正的痛苦会自然而然的流露出来，即在一个努力掩藏痛苦绝不扰及旁人的人也是如此。我曾在一群快乐的青年人中，看到一个女子，刚经历过惨痛的幽密的悲剧，她的沉默，勉强的笑容，不由自主的出神，随时都揭破她的秘密，但她勇敢地支持着她幻虚的镇静，不妨害旁人的欢乐。假使你必须远离了人群，必须天天愁叹方能引起你的回忆时，那是你的记忆已不忠实了。我们对于亡故的友人所能表示的最美的敬意，只有在生存的友人身上创造出和对于亡友一般美满的友谊。

可是怎么避去固执的思念呢？怎么驱除那些萦绕于我们的梦寐之间的思想呢？

最广阔最仁慈的避难所是大自然。森林、崇山、大海之苍茫伟大，和我们个人的狭隘渺小对照之下，把我们抚慰平复了。十分悲苦时，躺在地下，在丛树野草之间，整天于孤独中度过，我们会觉得振作起来。在最真实的痛苦中，也有一部分是为了社会法统的拘束。几天或几小时内，把我们和社会之间所有的关连割断一下，确能减少我们的障翳，使我们少受些激情的磨难。

故旅行是救治精神痛苦的良药。若是长留在发生不幸的地方，种种琐屑的事故会提醒那固执的念头，因为那些琐屑的事故附丽着种种回忆，旅行把这锁索斩断了。但不是人人能旅行的啊！要有时间，要有闲暇，要有钱。不错。然而不必离去城市与工作，亦可以换换地方。你毋须跑得很远。枫丹白露（Fonta-inebleau）①的森林，离开巴黎只有一小时的火车，那里你可以找到如阿尔卑斯山中一样荒漠的静寂；离开桑里（Senlis）②不远，即有一片沙漠；凡尔赛园中也老是清静岑寂，宜于幽思默想，抚复你的创伤。

痛苦的人所能栖息的另一处所，是音乐世界。音乐占领着整个的灵魂，再没有别的情操的地位。有时它如万马奔腾的急流一般，把我们所有的思想冲洗净尽，而后我们觉得胸襟荡漾，莹洁无伦；有时它如一声呼喊，激起我们旧日的痛苦，以之纳入神妙的境地之中。随着乐章的前呼后应，我们的起伏的心潮渐归平息；音乐的没有思想的对白，引领我们趋向最后的决断，这即是我们最大的安慰。音乐用强烈的节奏表显时间的流逝，不必有何说辞，即证明精神痛苦是并不永续的。这一切约翰·克利斯朵夫（Jean-Christophe）③都曾说过，而且说得更好。

"我没有一次悲愁不是经过一小时的读书平息了的"，这是一句名言，但我不十分了解。我不能把读书来医治我真正的悲愁，因为那时我无法集中我的注意于书本上。读书必得有自由的、随心所欲的精神状态。在精神创伤平复后的痊愈期间，读书可以发生有益的作用。但我不相信它能促成精神苦楚的平复。为驱除固执的意念起见，必得要

---

① 系巴黎附近名城，有大森林、故宫等。

② 系法国北部城名。

③ 此系罗曼·罗兰著名小说之书名，亦为书中主人翁之名。此处系指后者言。

不必集中注意的更直接的行动，例如写字，驾驶复杂的机器，爬行危险的山径等。肉体的疲劳是卫生的，因为这是睡眠的准备。

睡眠而若无痛苦的梦，则是一种环境的变换；但在一桩灾祸发生后的最初几夜，固定的思念即在梦寐之中亦紧随着我们的。睡眠的人在梦寐中重新遇到他的苦恼，会心惊肉跳地惊醒。如何能重复入睡呢？除了药石之外，有没有精神上的安神方法呢？下面一个方式有时还灵验，即强使自己回忆童年的景象，或青年时的经过。试令自己在精神上生活在你从前未有痛苦的时间内。于是，心灵会神游于眼前的痛苦尚未存在，甚至还不解痛苦的世界内，把你的梦一直引向那无愁无虑的天国中去。

惯在悲哀中讨生活的人会呻吟着说："这一切都是徒然的，你的挽救方策很平庸，毫无效力。什么也不能使我依恋人生，什么也不能使我忘掉痛苦。"

但你怎么知道？你有没有试过？在否认它的结果之前，至少你得经历一下：有一种"幸福的练习"（gymnastique du bonheur），虽不能积极产生幸福，可能助你达到幸福，能为幸福留出一个位置。我们可以举出几条规则，学着瓦莱里的说法，是秘诀。

第一个秘诀：**对于过去避免作过分深长的沉思。**我不是说沉思是不好的。一切重要的决定，几乎都得先经过沉思，凡有确切的目标的沉思是没有危险的。危险的是，对于受到的损失，遭逢的伤害，听到的流言，总而言之对于一切无可补救的事情，加以反复不已的咀嚼。英国有一句俗谚说："永勿为了倒翻的牛乳而哭泣。"迪斯累里

(Disraeli)①劝人说："永勿申辩，亦永勿怨叹。"笛卡尔有言："我惯于征服我的欲愿，尤甚于宇宙系统，我把一切未曾临到的事，当作对于我是不可能的。"精神应时加冲刷，荡涤，革新。无遗忘即无幸福。我从未见过一个真正的行动者在行动时会觉得不幸。他怎么会呢？如游戏时的儿童一般，他想不到自己，而过分地想着自己便是不健全的。"为何你要知道你是鱼皮做的抑羊皮做的？为何你把这毫不相干的问题如此重视？你难道不能在你自身之外另有一个利害中心而必集注自己直到令人作呕的地步么？"②

由此产生了第二个秘诀：**精神的欢乐在于行动之中。**"如我展读着朋友们的著作，听他们的谈话，我几乎要断言幸福在现代世界中是不可能的了。但当我和我的园丁谈话时，我立刻发觉上述思想之荒谬。"③园丁照料着他的西红柿与茄子；他对于自己的行业与田园都是熟悉的；他知道会有美满的收获。他因之自傲。这便是一种幸福，这是大艺术家的幸福，是一切创造者的幸福。对于聪慧之士，行动往往是为逃避思想，但这逃避是合理的健全的。"愿而不为的人酿成疫病。"我们亦可说："思而不行的人酿成疫病。"理智而转向虚空方面去，有如一架抛了锚的发动机，所以是危险的。在行动中，宇宙的矛盾和人生的错综，不大会使人惶乱；我们可以轮流看到它们相反的面目，而综合却自然而然会产生。唯在静止中，世界表面的支离破灭方变成惹起悲哀的因子。

---

① 系英国维多利亚朝大政治家。

② 见 D. H. Lawrence 书信卷二，一四七页。——原注

③ Bertrand Rnssell 语。——原注

单是行动犹嫌不足还常和我们的社会**一致行动**，冲突而永存不解，则能磨难我们，使工作变得艰难，有时竟不可能。

第三个秘诀：**为日常生活起见，你的环境应当择其努力方向与你相同，且对你的行动表示关心的环境。**与其和你以为不了解你的家庭争斗，与其在这争斗中摧毁你的和别人的幸福，毋若去访求与你思想相同的朋友，若你是信教的，便和教徒们一起生活；若你是革命者，便和革命者一起生活。这亦不妨害你去战胜无信仰的人，但至少你那时在精神上有同志可以依傍。成为幸福，并不如一般人所信的那样，需要被多数人士钦佩敬仰。但你周围的人对你的钦敬是不可少的。玛拉梅（Stéphane Mallarmé）①受着几个信徒的异乎寻常的爱戴，较诸那般明知自己的光荣被他们心目中敬爱的人轻视的名人，幸福得多了。修院使无数的心魂感到平和安息，因为他们处于思想、目的完全相同的集团中。

第四个秘诀：**不要想象那些遥远的无可预料的灾祸以自苦。**几天以前，在蒂勒黎公园中，儿童啊，喷泉啊，阳光啊，造成一片无边的欢乐，我却遇到一个不幸的人。他在树下孤独地阴沉地散步，想着财政上的军备上的祸变，他和我说，在两年前已经等待了的。"你疯了么？"我和他说，"哪一个鬼仙会知道明年怎样？什么都艰难，太平时代在人类历史上是既少且短的。但将来的情形，一定和你悲哀的幻想完全不同。享受现在罢。学那些在水池中放白帆船的儿童罢。尽你的责任，其余便听上天去安排。"

---

① 近代法国诗人。

当每个人对于世间的事故能有所作为时，应当想到将来。一个有作为的人不能为宿命论者。建筑师应当想到他经造的房屋的将来；工人应当想到他老年时的保障；议员应当想到他投票表决的预算案的结果。但一经选择，一经决定，便得使自己的精神安静。若是预测的原素不近人情或超越人情时，预测无异疯狂。"广博而无聊的哲学，浮泛的演辞的大而无当的综合，才会随便谈着几百年的事和一切进化问题，真正的哲学顾虑现在。"①

最后一个秘诀是为那些已经觉得一种幸福方式的人的：**当你幸福的时候，切勿丧失使你成为幸福的德性。**多数男女在得意时忘记了他们借以成功的谨慎、中庸、慈爱等优点。他们因得意而忘形，而傲慢；过度的自信使他们抛弃稳实的工作；故不久他们即不配享受他们的幸运了。幸运变成厄运。于是他们惊相骇怪了。古人劝人在幸福中应为神明牺牲，实有至理，萨摩斯王波利克拉特斯，把他的指环奉献神明②，但将波利克拉特斯的指环掷向大海的方式不止一端。最简单的是谦虚。

这些秘诀并非我们发明的；自有哲人与深思之士以来，即有此种教训。顺从宇宙的偶然，节制自己的愿欲，身心的融洽一致，这是古人

---

① 见 Chesterton；*Orthodoxie*。——原注

② 萨摩斯（Samos）为爱琴海东岸一小岛，昔属土耳其，今归希腊。公元前七世纪至六世纪中，有王波利克拉特斯（Polycrates），安享荣华垂四十年。唯古训对于幸运时期过长的人，素视为不吉；故波氏将其最心爱之指环投入海中，祭献神明，冀邀神宥，俾获善终。但指环在鱼腹中复得，为神明拒受之兆。不久，敌军攻入，波氏被钉死于十字架上。

们所劝告的，无分制欲派或享乐派；这是玛克奥莱尔的道德，是蒙田的道德，亦是现代一切明哲之士的道德。

——怎么？反对明哲的人（是尼采，是纪德——但纪德是那么错综，有时亦是明哲——在新的一代中也许是马尔罗①）会说，怎么！接受这种平板庸俗的命运？……这种凡夫俗子的幸福？……拒绝艰难奇险的生活？……屈服，顺从？……你贡献我们这些么？我们不要幸福，我们要英雄主义。

——噢！反对明哲的人，你们有一部分理由，我将试着表明幸福并非屈服、顺从，并非安命，而是欢乐。但你们以为明哲本身不即是一种英雄的斗争，这便错了。所谓安于世变，是在世变并不属于我们的行为限度内。可绝非对于自己的一种怠惰的满足。我们顺受大海及其风波，群众及其激情，人及其冲突，肉体及其需要，因为这是问题的内容，若是接受时，无异对一个幻想的虚妄的世界徒发空论了。但我们相信可能稍稍改变这宇宙，在风浪中驾驭，控制群众，尤其是改变我们自己。我们不能消灭一切疾病、失败、屈服的原因（你们也不见得比我们更能够），但我们可把疾病、失败、屈服，造成一个战胜与恢复宁静的机会。

"人并不企求幸福，"尼采说，"只有英国人才企求。"又说："我不愿造成我的幸福；我愿造成我的事业。"可是为何我们不能在造成事业之时亦造成我们的幸福呢？幸福并非舒适，并非快感的追求，亦不是怠惰。一个冷酷的哲学家也和大家一样寻求幸福；只是他有他的方式

① 马尔罗（André Malraux，一九〇——九七六），法国著名小说家。

罢了。

我相信奴隶终于嫉妒他的铁链，
我相信鹰鹫之于普罗米修斯亦是温和亲切①，
伊克西翁②在地狱中亦颇自喜。

当一个人爱他的鹰鹫时，即是说他并非轻蔑幸福，而是在他的心肝被鹰鹫啄食之中感到幸福，或因为此种痛苦能使他忘记另一种更难受的内心的痛苦。关于此种问题，各人总是为了自己说法的。

实际是，制欲派的明智只是趋向幸福的途程中的第一个阶段。它把精神上一切无谓的苦闷加以扫荡，替幸福辟出一个地位。它勒令最无聊最平庸的情操保守缄默。这第一步斩除荆棘的使命尽了之后，幸福的旋律，方能在它创造就的氛围中，响亮起来。但这真实的幸福究竟是什么呢？我相信它是与爱，与创造的喜悦，换言之，与自我的遗忘混合的。爱与喜悦可有种种不同的方式，从两人的相爱起直到诗人所歌咏的宇宙之爱。

"凡是没有和爱人一起度过几年、几日、几小时的人，不知幸福之为何物，因为他不能想象此永续不断的奇迹，会把本身很平凡的事故及景色造成生命中最神奇的原素。"司汤达是最懂得爱与幸福合一的

---

① 希腊神话：火神普罗米修斯(Prometheus)代表人类最初的文明。他把泥土造成了人以后，又从天上偷了火来使他活动。宙斯把潘多拉带着一只致命的匣子给他的弟弟爱比曼塞夫斯(见第95页注①)，把普罗米修斯钉在高加索山巅，让鹰鹫啄食他的肝，啄食完了，明天再生出来给它们啄食。

② 伊克西翁(Ixion)亦神话中的英雄，被罚入地狱推动火轮。

人之一。我再可引述一遍他描写邓谷(Fabrice del Dongo)的幸福。他幽闭在西班牙牢狱中,什么都值得惧怕,尤其是死。但于他毫不相干。这些渴望的、可怖的日子,因了克莱丽娜(Clélia)短时间的显现而变得光明灿烂：他幸福了。

凡是一个青年能借一个女子的爱而获得的幸福,做母亲的能借母爱而获得,做首领的能借同伴的爱戴而获得。艺术家能借作品之爱好而获得,圣者能借神明之敬爱而获得。只要一个人整个地忘掉自己,只要他由于一种神秘的动作而迷失在别种生命中,他立刻沐浴在爱的氛围中了,而一切与此中心点无关的世变,于他显得完全不相干。"一个不满足的女人才爱奢华,一个爱男人的女人会睡在地板上"。为那些在别一个人身上寻求幸福的人,所难的是选择一个能回报他们的爱的对手。不幸的爱情也曾有过幸福的时光,只要自我的遗忘是可贵的话。如葛利安之于玛农,一个男人为女人牺牲一切,即使这女人骗了他,他亦感得一种痛苦的快感。但相互的爱,毫无保留而至死方休的爱所能产生的幸福,确是人类所能得到的最大的幸福之一了。

不错,若一个人所依恋的对象是脆弱的生物时,更易受到伤害。凡是热烈地爱一个女人,爱儿童,爱国家的人,易招命运之忌,授与命运以弄人资料①。从此,命运得以磨难他,虽然他很壮实,得以挫折他,虽然他很有权势,可以迫使他乞恩求宥,虽然他很勇敢,虽然他不畏苦难。他在它的掌握之中。他因爱人的高热度所感到的狂乱烦躁的痛苦,会比他自己的疾病或失败所致的痛苦强烈万倍。强烈万倍,因为

---

① 此处以上文萨摩斯王之故事为隐喻,可参阅第109页注②。

一个病人是被疾病磨炼成的，被热度煽动起来的，被疲乏驯服了的。但一个并不患病而恋爱的人，却因所有的精力都完满无缺之故，更感痛苦。他爱莫能助。他愿自己替代她，但疾病是严酷的、冷峻的、专制的，紧抓着它选中的牺牲者。因为自己没有受到这苦难，他自以为于不知不觉中欺骗了爱人。这是人类苦难中最残酷的一种。

在此，我们的制欲派的明智又怎么办呢？它不将说把自己的命运和脆弱的人的命运连接得如是密切是发疯么？蒙田也岂非不愿把人家的事情放在"肺肝之中"么？是啊，可是蒙田自己也将痛苦，如果那个牺牲者是他的好友鲍哀茜的话。不应当否认冲突，冲突确是有的。基督教的明智所以比制欲派的更深刻者即因为它承认冲突之存在。唯一的完满的解决，只有单去依恋绝对不变之物，真诚的宗教徒能有微妙的持久的幸福，也是如此。但人的本能把我们连系于人的一切。在真正的爱情没有被视作儿戏的一切情形中，明智总不会丧失它的价值。它驱除虚妄的灾祸；祛除疯狂的预测；令人不信那些徒为空言的不幸。

因为阻止你达到幸福的最严重的障碍之一是，现代人士中了主义与抽象的公式的毒，不知和真实的情操重复亲接。动物与粗矿的人更为幸福，因为他们的愿欲更真实。洛朗斯曾言："一头母牛便是一头母牛。"它不会自以为水牛或野牛。但文明人，有如鹦鹉受了自己的嚼舌的束缚一般，老是染着无谓的爱憎病。

在蕴藏着多少的"幻想的不幸"的精神狂乱中，艺术家比哲学家更能帮助我们重获明显的现实。学者应当是相对论者，因为他在摸索中探寻灵效的秘诀与近似的假设。唯有神秘的认识或是艺术或是爱或是宗教，才能触及对象本体，唯有这认识方能产生心灵的平和与自信，方能产生真正幸福。画家玩味着一幅风景，努力想确定它的美点，目光直视着的对象好似要飞跃出来一般去抓住全部的美，当他如是工作的时候，他感到绝对的幸福，狄更斯在《圣诞颂歌》中，描写一个自私而不幸的老人怎样突然遇到了幸福，于他一向是不可思议的幸福，因为那时他爱恋着几个人物，而这种爱恋即使他摆脱了抽象的恶念。当我们在一霎间窥到了宇宙的神秘的统一性时，当淫霾的山岗、摇曳的丛树、云间的飞燕、窗下的虫蚁，突然成为我们生命的一部分，而我们的生命又成为世界生命之一部分时，我们由于迅速的直觉，认识了宇宙之爱，不复徒是乐天安命的态度而达到了《欢乐颂》所表白的境界①。

"你愿知道幸福的秘密么？"这是数月前伦敦《泰晤士报》在"苦闷栏"内刊布的奇异告白。凡写信去的人都收到一封回信，内面写着圣者玛蒂安(Saint Matthien)的两句名言："你要求罢，人家会给你；寻找罢，你会获得；叩门罢，人家会来开启。因为无论何人，要求必有所得，寻找必有所获，而人家在你叩门时必开启。"这的确是幸福的秘密，古人亦有同样的思想，只是用另一种方式罢了，他们说潘多拉匣子里的一切灾祸飞尽之后，底上剩有"希望"。求爱的人得爱；舍身友谊的人有朋友；弹精竭虑要创造幸福的人便有幸福。

但只限于此种人而已。我们少年时，我们在无从置答的方式下提出问题，我们问："在一切观点上都值得爱慕的男人或女人，我怎么能

---

① 《欢乐颂》(*Hymne à la Joie*)是席勒(Schiller)著名的诗篇，贝多芬第九交响乐末段大合唱歌词，即采用此诗。

找到呢？我怎样能找到一个毫无瑕疵的朋友值得我信任呢？何种才是能永远保障我国的完满的法律？在何种场合何种技艺中才能遇到幸福？"这样提出的人生问题是没有一个明智之士能够解答的。

然则何者方为真正的问题？我希望在这次检讨之后，我们对于此问题能有较为明白的观察。何处我能找到一个与我同样残缺的人，能以共同的志愿，在宇宙间在变幻中造成一个托庇之所？何者才是难能而必需的德性，能使国家在残缺的制度之下生存？凭借了纪律，忘记了我的恐惧与遗憾，我的精力与时间可以奉献给何种事业？我能造就的是何种幸福，用何种爱去造成这幸福？

在多少抑扬顿挫式的曲折之后，还须学着贝多芬的坚持固执的格调，如在一阕交响乐之终，反复不厌地奏着圆满的和音一般，还得把幸福的题旨重说一遍么？永续的平衡状态在人事中是不存在的。信仰、明智、艺术，能令人达到迅暂的平衡状态。随后，世界的运行，心灵的动乱，破坏了这均衡，而人类又当以同样的方法攀登绝顶，永远不已。在固定的一点的周围，循环往复，嬗变无已，人生云者，如是而已。确信有此固定的中心点时即是幸福。最美的爱情，分析起来只是无数细微的冲突，与永远靠着忠诚的媾和。同样，若将幸福分析成基本原子时，亦可见它是由斗争与苦恼形成的，唯此斗争与苦恼永远被希望所挽救而已。

罗素

幸福之路

我只是把通情达理的一些意见归纳起来，配合这张献给读者的方子时，我所采取的学说都是由我自己的经验和观察证实过的，而且我每次遵从这些学说时都能增加我的幸福。

不幸福的原因

什么使人不快乐？

动物只要不生病，有足够的食物，便快乐了。我们觉得人类也该如此，但在近代社会里并不然，至少以大多数的情形而论。倘使你自己是不快乐的，那你大概会承认你并非一个例外的人。倘使你是快乐的，那么试问你朋友中有几个跟你一样。当你把朋友们检讨一番之后，你可以学学观望气色的艺术；平常日子里你遇到的那些人的心境，你不妨去体味体味看。英国诗人勃莱克(Blake)说过：

在我遇到的每张脸上都有一个标记，
弱点和忧患的标记。

虽然不快乐的种类互异，但你总到处和它碰面。假定你在纽约，那是大都市中现代化到最标准的一个啰。假定你在办公时间站在一条热闹的街上，或在周末站在大路上，再不然在一个夜舞会中；试把你的"自我"，从脑子里丢开，让周围的那些陌生人一个一个的来占据你的思想，你将发现每组不同的群众有着不同的烦恼。在上工时间的群众身上，你可看到焦虑，过度的聚精会神，消化不良，除了斗争以外对什么都缺少乐趣，没有心思玩，全不觉得有他们的同胞存在。在周末的大路上，你可看到男男女女，全都景况很好，有的还很有钱，一心一意地去追逐欢娱。大家追逐时都采着同样的速度，即是坐着慢到无可再慢的车子鱼贯而行，坐车的人要看见前面的路或风景是不可能的，因为略一旁视就会闯祸；所有的车中的所有的乘客，唯一的欲望是越过旁人的车辆，而这又为了拥挤而办不到，倘若那般有机会不自己驾驶的人，把心思移到别处去时，那么立刻有一种说不出的烦闷抓住他们，脸上印着微微懊恼的表情。一朝有一车黑人胆敢表露出真正的快乐时，他们的荒唐的行为就要引起旁人的愤慨，最后还要因为车辆出了乱子而落到警察手里：假日的享乐是违法的。

再不然，你去端详一下快乐的夜会里的群众。大家来时都打定了主意要寻欢作乐，仿佛咬紧牙齿，决意不要在牙医生那里大惊小怪一般。饮料和狎习，公认是欢乐的大门，所以人们赶快喝，并且竭力不去注意同伴们怎样的可厌。饮料喝到相当的时候，男人们哭起来了，怨叹说，他们在品格上怎样不配受母亲的疼爱。酒精对他们的作用，是替他们挑起了犯罪意识，那是在健全的时间被理性抑搪着的。

这些种类不同的不快乐，一部分是由于社会制度，一部分是由于个人心理，——当然，个人心理也大半是社会制度的产物。如何改变社会制度来增进幸福的问题，我从前已写有专书。关于消灭战争，消灭经济剥削，消灭残忍与恐怖的教育等等，都不是我在本书里想谈的。要发现一个能避免战争的制度，对我们的文化确是生死攸关的问题；

但这种制度决无成功之望，因为今日的人们那样的烦闷，甚至觉得互相毁灭还不及无穷尽的挫延日子来得可怕。要是机器生产的利益，能对那般需要最切的人多少有所裨益的话，那当然应该阻止贫穷的延续，但若富翁本身就在苦恼，那么教每个人做富翁又有何用？培养残忍与恐怖的教育是不好的，但那批本人就做了残忍与恐怖的奴隶的人，又能有什么旁的教育可以给？以上种种考虑把我们引到个人问题上来：此时此地的男男女女，在我们这患着思乡病的社会里，能有什么作为，可替他们或她们本身去获取幸福？在讨论这个问题时，我将集中注意在一般并不受着外界的苦难的人身上。我将假定他们有充分的收入，可以不愁吃不愁住，有充分的健康可以作普通的肉体活动。大的祸害，如儿女死尽，遭受公众耻辱等等，我将不加考虑。关于这些题目，当然有许多话好说，而且是挺重要的，但和我在此所要讨论的属于两类。我的目的，是想提出一张治疗日常烦闷的方子，那烦闷是文明国家内大多数人感着痛苦的，而且因为并无显著的外因，所以更显得无可逃避，无可忍受。我相信，这种不快乐大部分是由于错误的世界观、错误的伦理学、错误的生活习惯，终于毁掉了对一般可能的"事物"的天然的兴致和胃口，殊不知一切的快乐，不问是人类的或野兽的，都得以这些事物为根基。观念和习惯等等，都是在个人权力范围以内的，所以我愿提出若干改革的方案，凭了它们，只要你有着中等的幸运，就有获得幸福的可能。

几句简单的自我介绍，或许对我所要辩护的哲学可以做一个最好的楔子。我不是生来快乐的。童时，我最爱的圣诗是"世界可厌，负载着我深重的罪孽"那一首。五岁时，我曾想如果我得活到七十岁，那么至此为止我不过捱了全生涯的十四分之一，于是我觉得长长地展开在我面前的烦闷，几乎不堪忍受。少年时，我憎恨人生，老是站在自杀的边缘上，然而想多学一些数学的念头阻止了我。如今，完全相反了，我感到人生的乐趣，竟可说我多活一年便多享受一些。这一部分是因为我发现了自己最迫切的欲望究竟是什么，并且慢慢地实现了不少。一部分是因为我终于顺顺利利地驱除了某些欲望，——例如想获得关于这个那个的确切的知识——当作根本不可求的。但最大部分，还须归功于一天天的少关心自己。像旁的受过清教徒教育的人一样，我惯对自己的罪过，愚妄，和失败，作种种的冥想。我觉得自己是——当然是准确地——一个可怜的标本。慢慢地，我学会了对自己和自己的缺陷不再介介于怀，而对外界的事物，却一天天的集中我的注意：譬如世界现状，知识的各部门，以及我抱有好感的个人等。不错，对外界的关切也会有各别的烦恼带给你：世界可能陷入战争，某种知识可能难于几及，朋友可能死亡。但这一类的痛苦，不像因憎恶自己而发生的痛苦那样，会破坏人生的主要品质。再则，每种对外的兴趣，都有多少活动分配给你，而兴趣活泼地存在到多久，这活动就能把苦闷阻遏到多久。相反地，对自己的关切绝对不能领你去作任何进取的活动。它可以鼓励你记日记，把自己作心理分析，或者去做修士。但一个修士，必得在修院的功课使他忘掉自己的灵魂的时光，才会幸福。他以为靠了宗教得来的幸福，其实靠着清道夫的行业一样可以得到，只要他真正做一个清道夫。有一般人是因为深陷在"自我沉溺"之中而无可救药的，对于他们，外界的纪律确是一条引向幸福的路。

"自我沉溺"种类繁多。我们可以挑出"畏罪狂""自溺狂""自大狂"三种最普通的典型。

我说"畏罪狂"，并非说那些人真正犯罪：罪恶是人人犯的，也可说没有人犯的，要看我们对社会所下的界说而定。我指的乃是沉溺于犯罪意识的人。他永远招惹着自己的厌恶，假令他是信教的话，还要把这种自我憎恶认作神的憎恶。他认为自己应该如何如何，这幅理想的图画，却和他所知的实际的他，不断发生冲突。即使在清明的思想里他早已把在母亲膝上学来的格言忘得一干二净，他的犯罪感觉可能深埋在潜意识内，只在醉酒或熟睡时浮现。但一切东西都可引起这味道。他心里依旧承认他儿时的戒条。赌咒是恶的，喝酒是恶的；普通生意上的狡猾是恶的，尤其，性行为是恶的。当然他并不会割弃这些娱乐，但这些娱乐为他是全部毒害了，毫无乐趣可言，因为他觉得自己是为了它们而堕落的。他全灵魂所愿望的一种乐趣，是受着母亲的宽容的抚爱，为他记得在童时经历过的。既然此种乐趣不可复得，他便觉得一切都乏味；既然他不得不犯罪，他就决意痛痛快快地犯罪了。当他堕入情网时，他是在寻找慈母式的温柔，但他不能接受，因为，心中存着母亲的图像，他对任何与他有性关系的女子，感不到丝毫敬意。失望之余，他变得残忍，随又忏悔他的残忍，重新出发去兜着那幻想的罪过和真正的悔恨的凄惨的圈子。多少表面看来是狠心的浪子，其心理状态就是如此。把他们诱入迷途的，是对于一个无法到手的对象的崇拜（母亲或母亲的代替物），加上早年所受的可笑的伦理教训。从早年信仰和早年情爱中解放出来，是这批"孺慕"德性的牺牲者走向快乐的第一步。

"自溺狂"在某个意义上是普通的犯罪意识的反面；特征是惯于自

赞自吹，并希望受人赞叹。在某程度内，这情操无疑是正常的，无所用其惋惜；它只在过度的时候才成为一桩严重的祸害。有许多女子，特别在富有社会里，爱的感觉力完全消失了，代之而兴的是一股强烈的欲望，要所有的男人都爱她们。当这种女子确知一个男人爱她时，她便用不着他了。同样的情形，在男子方面也有，不过较为少见罢了。

虚荣心到了这个高度时，除了自己以外，对任何人都感不到兴趣，所以在爱情方面也没有真正的满足可以得到。可是旁的方面的趣味，失败得还要悲惨。譬如，一个自溺狂者，被大画家所受到的崇拜鼓动之下，会去做一个艺术学生；但既然绘画之于他不过是达到一个目标的手段，技巧也就从来引不起他的兴味，且除了和他自身有关的以外，别的题材都不会给他看到。结果是失败和失望，期待的是恭维，到手的是冷笑。还有那般老把自己渲染成书中的英雄的小说家，也是蹈了同样的覆辙。工作上一切真正的成功，全靠你对和工作有关的素材抱有真正的兴趣。成功的政治家，一个一个地倒台，这悲剧的原因是什么呢？因为他把自溺狂代替了他对社会的关切，代替了他素来拥护的方策。只关怀自己的人并不可赞，人家也不觉得他可赞可羡。因此，一个人只想要社会钦仰他而对社会本身毫不感到旁的兴味时，未必能达到他的目的。即使能够，他也不能完全快乐，因为人类的本能是从不能完全以自我为中心的。自溺狂者勉强限制自己，恰如畏罪狂者的强使自己给犯罪意识控制。原始人可能因自己是一个好猎手而感到骄傲，但同时也感到行猎之乐。虚荣心一过了头，把每种活动本身的乐趣毁掉了，于是使你不可避免地无精打采，百无聊赖。原因往往是缺少自信，对症的药是培养自尊心。但第一得凭着客观的兴趣去做进取性的活动，然后可以获得自尊心。

"自大狂"和"自溺狂"的不同之处，是他希望大权在握而非动人怜爱，他竭力要令人畏惧而非令人爱慕。很多疯子和历史上大多数的伟人，都属这一类。权力的爱好，正和虚荣一样，是正常的人性中一个强有力的分子，只要不出人性这范围，我们是应该加以容纳的；一朝变得过度，而且同不充分的现实意识联接一块时，那才可悲了。在这等情形下，一个人或是忧郁不快，或是发疯，或竟两样都是。一个自以为头戴王冠的疯子，在某种意义上也许是快乐的，但他的快乐决非任何意识健全的人所艳羡的那一种。亚历山大大帝，心理上便和疯子同型，虽然他赋有雄才大略，能够完成疯子的梦。然而他还是不能完成他自己的梦，因为他愈成功，他的梦也愈扩大。当他眼见自己是最伟大的征略者时，他决意要说自己是上帝了。但他是不是一个幸福的人呢？他的酗酒，他的暴怒，他的对女人的冷淡，和他想做神明的愿望，令人猜想他并不幸福。牺牲了人性中一切的分子来培植一个分子，或把整个世界看作建造一个人的自我的显赫的素材，是决无终极的快慰可言的。自大狂者，不问是病态的或名义上说来是健全的，通常是极度的屈辱的产物。拿破仑在学校里，在一般富有的贵族同学前面感到自惭形秽的苦恼，因为他是一个粗鄙的苦读生。当他后来准许亡命者①回国时，看着当年的同学向他鞠躬如也时，他满足了。多幸福！依旧是这种早年的屈辱，鼓动他在沙皇②身上去寻求同样的满足，而这满足把

---

① 系指法国大革命后逃亡国外的贵族。——译者注

② 系指俄皇亚历山大一世。——译者注

他送到了圣·赫勒拿①。既然没有一个人是全能的，一场完全被权力之爱所控制的人生，迟早要碰到无可克服的难关。要自己不发觉这一点，唯有假助于某种形式的疯狂才办得到，虽然一个人偏有充分的威权，可以把胆敢指出这种情形的人禁锢起来，或者处以极刑。政治上的与精神分析学上所谓的抑止②，便是这样地一代一代传下来的。只消有任何形式较显的"抑止"(心理分析上的抑止)出现，就没有真正的幸福。约束在适当的范围内的权势，可大大地增加幸福，但把它看作人生唯一的目标时，它就闯祸了，不是闯在外表，就是闯在内心。

不快乐的心理原因，显然是很多的，而且种类不一。但全都有些共同点。典型的不快乐者，是少年时给剥夺了某些正常的满足的人，以致后来把这一种满足看得比一切其余的满足更重要，从而使他的人生往着单一的方向走去，并且过于重视这一种满足的实现，认为和一切与之有关的活动相反。然而这现象还有更进一步的发展，在今日极为常见。一个人所受的挫折可能严重到极点，以致他不再寻求满足，而只图排遣和遗忘。于是他变成了一个享乐狂。换言之，他设法减少自己的活力来使得生活容易挨受。例如，醉酒是暂时的自杀，它给你的快乐是消极的，是不快乐的短时间的休止。自溺狂者和自大狂者相信快乐是可能的，虽然他们所用的寻快乐的方法或许错误，但那寻找麻醉的人，不管是何种形式的麻醉，除掉希望遗忘之外，确已放弃了一切的希望。在这情形中，首先该说服他幸福是值得愿望的。忧郁的人

---

① 系拿翁被囚之岛名。——译者注

② 即是说早年曾有某种欲望被抑止。——译者注

像失眠的人一样，常常以此自豪。也许他们的骄傲好似失掉了尾巴的狐狸的那种，如果如此，那么救治之道是让他们明白怎样可以长出一条新的尾巴。我相信，倘有一条幸福之路摆在眼前，很少人会胸有成竹地去选择不快乐。我承认，这等人也有，但他们的数目无足重轻。因此我将假定读者是宁取快乐而舍不快乐的。能否帮助他们实现这愿望，我不知道，但尝试一下总是无害的。

浪漫底克的忧郁

现在，像世界史上许多别的时代一样，有一种极流行的习尚，认为我们之中的智慧之士都看破了前代的一切热诚，觉得世界上再没什么东西值得为之而生活。抱着这等见解的人真是抑郁不欢的，但他们还以此自豪，把它归咎于宇宙的本质，并认为唯有不欢才是一个明达之士的合理的态度。他们对于"不欢"的骄傲，使一般单纯的人怀疑他们"不欢"的真诚性，甚至认为以苦恼为乐的人实在并不苦恼。这看法未免太简单了，无疑的，那些苦恼的人在苦恼当中有些"高人一等"和"明察过人"的快感，可以稍稍补偿他们的损失，但我们不能说他们就是为了这快感而放弃较为单纯的享受的。我个人也不以为在抑郁不欢中间真有什么较高的道理。智慧之士可能在环境容许的范围内尽量快乐，倘他发觉对宇宙的冥想使他有超过某程度的痛苦时，他会把冥想移转到别处去。这便是我在本章内所欲证明的一点。我愿读者相信，不论你用何种论据，理性决不会阻遏快乐；不但如此，我且深信凡是真诚地把自己的哀伤归咎于自己的宇宙观的人，都犯了倒果为因的毛病：实际是他们为了自己尚未明白的某些缘故而不快乐，而这不快乐诱使他们把世间某些令人不快的特点认作罪魁祸首。

表示这些观点的，在现代的美国有著作《近代心情》的伍德·克鲁奇（J. Wood Krutch）；在我们祖父的一代里有拜伦；各时代都可适用的，有《旧约》里《传导书》的作者。克鲁奇的说法是："我们的案子是一件败诉的案子，自然界里没有我们的地位，虽然如此，我们并不以生而为人为憾。与其像野兽一般活着，毋宁做了人而死。"拜伦说：

当早年的思想因感觉的衰微而逐渐凋零时，
世界所能给的欢乐决不能和它所攫走的相比。

《传道书》的作者说：

因此我赞叹那早已死去的死人，
远过那还活着的活人，
并且我以为比这两等人更强的，
是那从未存在，从未见过日光之下的恶事的。

这三位悲观主义者，都把人生的快乐检阅过后，获得这些灰色的结论：克鲁奇氏处于纽约最高的知识阶级群里，拜伦一生有过无数的情史，《传道书》的作者在快乐的追求中还要花样繁多：他曾尝试美酒，尝试音乐，以及"诸如此类"的东西，他挖造水池，蓄有男女仆役，和生长在他家里的婢仆。即在这种环境内，智慧也不会和他分离。并且他发觉一切都是虚空，连智慧在内。

我又专心考察智慧、狂妄和愚昧，
乃知道也令人沮丧。
因为多有智慧就多有烦恼，
加增知识就加增忧伤。

照上面这段看来，他的智慧似乎使他受累，他用种种方法想摆脱而不能。

我心里说，来罢，我用喜乐试试你，
你好享福，谁知道也是虚空。

由此可见他的智慧依旧跟着他。

我就心里说，愚昧人所遇见的，我也必遇见；
那么我比人更有智慧又为何来？
我心里说：这也是虚空。
我所以憎恨生命，因为在日光之下所行的事我都
以为烦恼，因为一切皆空，一切令人沮丧。

现在的人不再读古代的作品，算是文人的运气，否则再写新书一定要被读者认为空虚之至了。因为《传道书》派的主义是一个智慧之

士所能归趋的唯一的结论，所以我们不惮烦地来讨论一心境（即抑郁不快）的各时代的说法。在这种论辩内，我们必须把"心境"跟心境的"纯智的表现"分清。一种心境是无从争辩的，它可能因某些幸运的事故或肉体的状况而变更，可不能因论辩而变更。我自己常有"万事皆空"的心境；但我摆脱这心境时，并非靠了什么哲学，而是靠了对于行动感到强烈的需要。倘使你的儿女病了，你会不快乐，但决不感到一切皆空；你将觉得不问人生有无终极的价值，恢复孩子的健康总是一件当前的急务。一位富翁，可能而且常常觉得一切皆空，但若遇到破产时，他便觉得下一餐的饭决不是虚空的了。空虚之感是因为天然的需要太容易满足而产生的。人这个动物，正和别的动物一样，宜于作相当的生存斗争，万一人类凭了大宗的财富，毫不费力地满足了他所有的欲望时，幸福的要素会跟着努力一块儿向他告别的。一个人对于某些东西，欲望并不如何强烈，却很轻易地弄到了手：这种事实能使他觉得欲望之实现并不带来快乐。如果这是一个赋有哲学气质的人，他就将断言人生在本质上是苦恼的，既然一切欲望都能实现的人仍然是抑郁不欢。他却忘记了缺少你一部分向往的东西才是幸福的必不可少的条件。

以心境而论是如此。但《传道书》派的人仍然有纯智的论据。

江河都往海里流，海却不曾满，

太阳之下并无新事，

已经过去的事情无人纪念。

我恨我在日光之下所作的一切劳碌，

因为我将把得来的留给后人。

假若我们把这些论据用现代哲学的文体来复述一遍的话，大概是：人永远劳作，物永远动荡，可没有一件东西常在，虽然后来的新东西跟过去的并无分别。一个人死了，他的后裔来收获他劳作的果实，江河流入大海，但江河的水并不能长留大海。在无穷尽而无目标的循环里，人与物生生死死，日复一日，年复一年，并无进步，并无永久常存的成就。江河倘有智慧，必将停在它们的所在。苏罗门①倘有智慧，一定不种果树来让他的儿子享用果实。

但在另一心境内，这些说话将显得完全两样了。太阳之下无新事？那么，摩天楼、飞机、政治家的广播演说，将怎么讲？关于这些，苏罗门曾经知道些什么？倘他能从无线电里听到示巴②女王在游历他的领地回去以后对臣民的训话，他不能在虚枯的果树和水塘中间感到安慰么？倘有一个剪报社，把新闻纸上关于他的殿堂的壮丽、宫廷的舒适，和他敌对的哲人的词穷理屈等等的记载剪下来寄给他，他还会说太阳之下无新事么？也许这不能完全医好他的悲观主义，但他将因之而用新的说法来表现他的悲观。的确，克鲁奇氏的怨叹中，就有一项是说太阳之下新的事情太多了。没有新的事情令人烦闷，有了新的事情同样令人烦闷：可知失望的真原因并不在此。再拿《传道书》所举的事实来说："江河都往海里流，海却不满；江河从来处来，仍向来处去。"这等见解当作悲观主义的论据说来，是认为旅行不是一桩愉快的

---

① 《传道书》当然不是苏罗门王所作，兹从俗用以指《传道书》的作者。——原注

② 古国名。——译者注

事。人们暑天到疗养地去，临了仍向来处回去。这却并不证明到疗养地去是枉空的。假如流水能有感觉，对于那种探险式的循环往复也许会觉得好玩，有如雪莱诗中的云彩①一般。至于把遗物留给后裔的痛苦，那是可以从两个观点来看的：拿后裔的观点来说，这种递嬗显然不是如何不吉的事。世间万物都得消逝这事实，本身也不足为悲观主义的根据。假令现有的事物将被较劣的事物来承继，那倒可能做悲观主义的凭藉，但若将来的事情是较优的话，岂不反使我们变得乐天？倘真如苏罗门所说，现在的事物将由同样的事物替代，那我们又该怎么想？难道这就使整个的递嬗成为虚空了么？当然不！除非循环里面各个不同的过程是给人痛苦的。（那么所谓变化非但换汤不换药，且还增加苦难：要变化做甚？）瞻望未来而把"现在"的整个意义放在它所能带来的"未来"上面，这种习惯是有害的。倘部分没有价值，整个也不能有价值。在戏剧里，男女主角遭着种种难于置信的危难，然后吉庆终场：人生可不能用这种观念去设想的。我过我的日子，我有我的日子，我的儿子承继下去，他有他的日子，将来再有他的儿子来承继他。在此种种里面，有什么可以造成悲剧呢？相反，倘我得永远活下去，人生的欢乐临了倒势必要变得乏味。唯其因为人生有限，人生的乐趣才永远显得新鲜。

我在生命之火前面烘我的双手，
等到火熄时，我就准备离去。

---

① 雪莱有一首诗题目就叫作《云》。——译者注

这种态度实在和对死亡表示愤慨同样合理。因此，如果心境可由理智决定，那么使我们欢悦的理由，当和使我们绝望的理由一样多。

《传道书》派是悲痛的；克鲁奇氏的《近代心情》是凄怆的。他的悲哀，骨子里是因为中古时代的确切无疑的事情，以及较为近代的确切无疑之事一齐崩溃了的缘故。他说："至于现在这个不快乐的时代，一方面充满着从死的世界上来的幽灵，一方面连自己的世界还未熟悉，它的困境正和青年人的困境相仿：他除了把童年所曾经历的神话作为参考之外，尚未知道在世界上如何自处。"把这种论见来应用在某一部分的知识阶级身上是对的。换言之，有些受过文学教育的人，对近代世界茫无所知，并因青年时惯于把信仰建筑在感情上，所以如今无法摆脱那为科学的世界不能满足的"安全"与"保障"的幼稚欲望。

克鲁奇氏，如大半的文人一样，心中老是有一个念头，认为科学不曾履行它的诺言。当然他不曾告诉我们所谓诺言究竟是什么，但他似乎认定，六十年前像达尔文、赫胥黎辈的人，对于科学固曾期望一些事情而今日并未实现。我想这完全是一种幻象，上了一般作家和教士的当，他们因为不愿人家把他们的专长当作无足重轻，所以夸大其辞地助成这幻象。眼前世间有许多的悲观主义者，固是事实。只要在多数人的收入减少的时候，总会有大批悲观主义者出现。不错，克鲁奇是一个美国人，而美国人的收入是因上次大战而增加的，这似乎与我上面的说话冲突，然而在整个欧罗巴的大陆上，知识阶级的确大大地受了灾难，再加大战使每个人有不安定的感觉。这等社会原因之于时代的心境，其作用之大，远过于以世界的本质作根据的悲观理论。虽然克鲁奇惋惜不置的信仰，在十三世纪的确被大多数人（除了帝王和意大利少数的贵族）维护着，可是历史上究竟很少时代像十三世纪那样令人绝望的了。罗杰·培根①就说过："我们这时代的罪恶横流，远过于以往的任何时代，而罪恶与智慧是不两立的。让我们来看看世界上的一切情形罢：我们将发现无法无天的堕落，尤其是在上者……淫欲使整个的宫廷名誉扫地，贪得无厌主宰了一切……在上的是如此，在下的还用说么？瞧那般主教之流，他们怎样地孜孜逐利而忘记了救治灵魂啊！……再看那些教会的宗派：我简直一个都不放在例外。它们离经叛道到何等田地。即是新成立的教派（托钵僧）也已大大地丧失了初期的尊严。所有的教士专心一意于骄傲、荒淫、悭吝：只要他们举行什么大会，不问在巴黎或牛津，他们之间的斗争、诉骂，以及其他的劣迹，使所有教外的人痛心疾首……没有一个人顾虑自己的行为，也不问用的是什么手段，只消能满足贪欲。"述及古代的②异教哲人时，他说："他们的生活强似我们的程度，直不可以道里计，不论在廉耻方面，在轻视人世方面，在喜乐、财富、荣誉等方面，那是我们可在亚里士多德、柏拉图、苏格拉底各家的著作中读到的，他们就是这样地获得了智慧的秘钥，发现了一切的知识。"罗杰·培根的见解，也便是与他同时代的全体文人的见解，没有一个人欢喜他所处的时代的。我从不相信这种悲观主义有什么形而上的原因。原因只是战争、贫穷与暴行。

克鲁奇氏的最悲怆的篇章之一，是讨论爱情问题的。仿佛十九世纪维多利亚时代的人把爱情看得很高，但我们用着现代的错杂的目光

---

① 罗杰·培根（Roger Bacon，一二一四？——二九二？）十三世纪时英国僧侣，思想家，中古时代实验哲学的代表之一。——译者注

② 系指希腊古代。——译者注

把它看穿了。"对于维多利亚时代大半的怀疑主义者，爱情还代表神执行着一部分的工作。神，他们早已不信；但面对着爱情，连心肠最硬的人也会立时染上神秘色彩。任何旁的东西都不能唤醒他们崇敬的感觉，爱情却能，他们从心灵深处觉得，绝对的忠诚是应该献给爱情的。他们以为爱情和上帝一样，需要一切的牺牲，但也像上帝一样，爱情酬赏信徒的辰光，会对人生的现象赋予一种无从分析的意义。我们对于一个无神的宇宙，比他们更觉习惯，但我们尚未习惯一个无爱的宇宙。而我们不到这一步，就不会明白无神论的真正意义。"奇怪的是：所谓维多利亚时代①，在我们此时的青年人心目中，和生在当时的人的心目中，面目完全两样。我记得有两位我年轻时很熟的老太，都是那时代某些特征的代表人物。一个是清教徒，一个是服尔德派。前者叹息"多少的诗歌都以爱情为对象，不知爱情是一个毫无趣味的题材"。后者的意见却是："没有人能议论我什么长短，但我一向说破坏第七诫②不像破坏第六诫③那样罪孽深重，因为那至少要得到对方同意。"这两种见解，和克鲁奇氏当作典型维多利亚风而描绘下来的都不尽同。克氏的观念，显然是从某些根本与环境不融和的作家身上推演出来的。最好的例子，我可以举出罗伯特·勃朗宁④。然而我不免相信他所设想的爱情多少有些迂腐。

---

① 系指一八三八年起至十九世纪末叶英国维多利亚女皇御极的时代。——译者注

② 系戒淫。——译者注

③ 系戒杀。——译者注

④ 罗伯特·勃朗宁(Robert Browning，一八一二——一八八九)，英国诗人。——译者注

感谢上帝，他的造物之中最平庸的也以具有两副脸相自豪，
一副用以对付社会，一副用以对付他所爱的女人！

意思之中，这无异说战斗是对付一般社会的唯一可能的态度。为什么？因为社会是残酷的，勃朗宁会说。因为社会不愿照着你自己的估价而容纳你，我们会说。一对夫妇可能形成两个互相钦佩的伴侣，像勃朗宁夫妇①那样。有一个人在你身旁，随时准备来赞美你的工作，不管它配不配，那当然是挺愉快的。当勃朗宁声色俱厉地指斥菲茨杰拉德②胆敢不赞赏勃朗宁夫人的大作《奥洛拉·兰格》时，他一定觉得自己是一个出色的，有丈夫气的男子。这种夫妇双方都把批评精神收藏起来的办法，我总不觉得可以佩服。那是表现畏惧的心理，想躲避大公无私的冷酷的批评。许多老年的独身者躲在火炉旁边，其实也是为了同样的理由。我在维多利亚时代过的日子太长了，决不能照着克鲁奇的标准成为一个现代人。我毫未失去对爱情的信仰，但我所信仰的爱情绝非维多利亚时代的人所赞美的那种；说明白些，是含有冒险意味而又带着明察的目光的爱情，它尽管使人认识善，可不连带宽恕恶，它也不自命为神圣或纯洁。从前，受人赞叹的爱情，所以被加上"神圣""纯洁"等的德性，实在是性的禁忌的后果。维多利亚时代的人，深信大半的性行为是恶的，故不得不在他们所拥护的那种性行为

---

① 罗伯特·勃朗宁之妻，即伊丽莎白·巴莱特·勃朗宁（又称勃朗宁夫人）。Elizabeth Barret Browning，一八〇六——一八六一）英国女诗人。——译者注

② 爱德华·菲茨杰拉德（Edward Fitzgerald，一八〇九——一八八三）英国诗人，文学翻译家。——译者注

上面，装点许多夸大的形容词。性的饥渴，在当时远比现在为强烈，这就促使一般人把性的重要性大大地夸张，正如禁欲主义者的老办法一样。如今我们正逢着一个浑沌的时代，许多人一方面推翻了旧标准，一方面还没获得新标准。这情形给他们招致了各式各种的烦恼，且因他们的潜意识依旧相信着旧标准，所以一朝烦恼来时，就产生了绝望、内疚和玩世主义。我不以为这种人在数量上值得我们重视，但他们确是在今日最会叫嚷的一群里面。假令我们把现代的和维多利亚时代的小康的青年人通扯着来考察一下，可以发现从爱情方面得到的幸福，今日远比六十年前为多，对于爱情的价值，今日也比六十年前有更真切的信仰。某些人的所以玩世不恭，实在因为他们的潜意识始终受着旧观念的霸主式的控制，因为缺少那种可以调整行为的合理的伦理观。救治之道并不在于呻吟怨叹，思念以往，而是要勇敢地接受当前的局势，下决心把名义上已经丢弃了的迷信，从暧昧的隐处连根拔去。

何以我们重视爱情这问题，要简短地说明是不容易的，可是我仍想尝试。爱情，首先应认作本身便是欢乐之源，——这虽非爱情的最大的价值，但和它的其余的价值比较起来，确是最主要的。

嗢爱情！他们大大地诋毁了你，
说你的甜蜜是悲苦，
殊不知你的丰满的果实，
要比什么都更甘美。

写这几句诗的无名作家并不有意为无神论寻求答案，或寻求什么宇宙的秘钥，他只是娱乐自己罢了。爱情不但是欢乐之源，并且短少了它还是痛苦之根。第二，爱情之应受重视，因为它增进一切最美妙的享受，例如音乐、山巅的日出、海上的月夜等。一个从未和他所爱的女子一同鉴赏美妙景物的男人，就从未充分领受到神奇的景物所能给予的神奇的力量。再则，爱情能戳破"自我"这个坚厚的甲壳，因为它是生物合作的一种，在这合作中间，双方都需要感情来完成对方本能的目标。世界上各个时代有各种提倡孤独的哲学，有的很高尚，有的稍逊。禁欲派和早期的基督徒相信，一个人可不借旁人帮助，单凭自己的意志而达到人类所能达到的至善之域，另一般哲人则把权力看作生命的终极，又有一般却看作纯粹个人的享受。这些都是提倡孤独的哲学，因为它们认定善不但在或大或小的人群中可以完成，即每个孤立的个人也能实现。在我看来，这是错误的，不但在伦理上说，就以我们本能中最优秀的一部的表现来说，也是错误的。人有赖于合作，而且自然赋予我们——固然很不完美——本能的器官，合作所不可或缺的"友谊"就从这本能里肇始的。爱情是导向合作的最原始最普通的形式，凡是强烈地经验过爱情的人，断不愿接受那宣称人之至善和他所爱者的至善不相关涉的哲学。在这一点上，父母对子女的感情或许还要强烈，但父母爱子女的最高表现，乃是父母之间相爱的结果。我不说爱情在最高的形式上是有普遍性的，但我断言，爱情在最高的形式上的确表现出任何旁的东西无法表现的价值，并且它本身就有一种不受怀疑主义影响的价值，虽然一般不能获得爱情的怀疑主义者，会强把自己与爱情无缘的责任推在怀疑主义头上。

真正的爱情是一堆长久的火，

永远在心中燃烧，

从不病弱，从不死亡，从不冷却，

从不转变它的方向。

在此我追随着克鲁奇氏关于悲剧的论见了。他声言（在这一点上我完全同意），易卜生的《群鬼》不及莎士比亚的《李尔王》。"没有一种更强的表现力，没有一种对于辞藻的更大的运用，能把易卜生变成莎士比亚。后者所用以创造他的作品的素材——他的对十人的尊严的观念，对于人的热情的重视，洞察人生广大的目光——不曾也不能在易卜生心中存在，不曾也不能在易卜生同代的人心中存在。上帝、人、自然界，在莎士比亚与易卜生之间的几百年中，全都缩小了，不但因为近代艺术的写实信条促使我们去寻出平凡的人，且也因为世态的变化使我们注意到人生的'平凡'——而艺术上写实理论的发展便是这世态的变化促成的，我们对世界的观点也唯有靠了这写实理论才能证实。"为了这个缘故，把王子和王子的悲哀做中心的旧式悲剧，不复适合我们这个时代，而若我们用同样的手法去描写一个默默无闻的平常人时，其效果也势必完全两样。然而这原因并不是我们把人生看低之故，相反，倒是我们不再把某些人看作世间的伟人，不再承认唯有他们才配具有悲壮的热情，一切其余的人只配操劳茹苦的替这少数人缔造光华。莎士比亚说：

乞丐死时不会有彗星出现，

苍穹只替王子的凋亡发光。

在他的时代，这种情操即使不是人间绝对的信念，至少是普遍的，且是莎士比亚自己深信的观点。因此，诗人西那①之死是喜剧的，恺撒、勃罗托、卡细司等的死便是悲剧的了。一个"个人"的死，为我们早已失去宇宙性，因为我们不但在外表上，而且在内心里已经变为民主主义者了。现代，崇高的悲剧所应关涉的是集团而非个人。我可举出恩斯德·托勒的《集体人》为例。它可以媲美过去最优秀的时代里的最优秀的作品：高尚，深刻，实在，处理着英雄式的行为，并像亚里士多德所说的"把读者从怜悯和恐怖中间洗炼出来"。这一类的现代悲剧，例子还很少，因为旧的技术和传统必须放弃而不能单用陈调滥套去替代。要写悲剧，必须感觉悲剧。要感觉悲剧，必须意识到自己所生活的世界，不但在头脑里，而且在血管里肌肉里去意识到。克鲁奇氏在全书中不时提及绝望，他英勇地接受一个荒凉的世界，这种精神的确令人感动，但这荒凉是由于他和大半的文人尚未学会怎样用适应新刺激的方式去体验旧情绪。刺激是有的，可不在文学社团里。文学社团和集体生活没有活泼的接触，而这接触是必不可少的，倘若人类的感觉要求严肃与深刻：悲剧和真正的幸福即是渊源于严肃与深刻的。对于那些老觉得世界上无事可为而彷徨的优秀青年，我要说："丢开写作，竭力想法不要动笔。进入世界，做一个海盗也好，做一个婆罗洲上的王也好，做一个苏俄的劳动者也好；去过一种生活，使低级

① 系法国十七世纪悲剧家高乃依的名作之一。——译者注

的生理需求几乎占去你全部的精力。"我并不把这种行动路线推荐给每个人，我只介绍给那般因生活需求太易满足而觉得苦恼的人。我相信，这样的生活经过了几年之后，一个人会发觉写作的冲动再也按捺不住，那时，他的写作一定不致在他心目中显得虚空了。

竞　争

假如你问随便哪个美国人或英国商人，妨害他的人生享受最厉害的是什么，他一定回答说是"生活的斗争"。他这么说确是很真诚，并且相信是如此。这解释，在某一意义上是对的；在另一极重要的意义上是错的。不用说，生活斗争这件事是有的。只要不运气，我们之中谁都会遇到。康拉特小说中的主角福克就是一个例子：在一条破船上的水手中，只有他和另一个同伴持有火器，而船上是除了把别的没有武器的人作为食粮以外再没东西可吃了。当两人把能够同意分配的人肉吃完以后，一场真正的生活斗争开始了。结果，福克打倒了对手，但他从此只好素食了。然而现在一般事业家口中的生活斗争，完全不是这么一回事。那是他信手拈来的一个不准确的名词，用来使根本微末不足道的事情显得庄严的。你试问问他，在他的阶级里，他认识有几个人是饿死的。问问他，他的朋友们一旦破产之后遭遇到什么。大家都知道，一个破产以后的事业家，在生活的舒适方面，要比一个从来不会有钱到配破产的人好得多多。所以一般所谓的生活的斗争，实际是成功的斗争。他们从事战斗时所惧怕的，并非下一天没有早餐吃，而是不能耀武扬威盖过邻人。

可怪的是很少人明白下面这个道理：他们并非被一种机构紧抓着而无可逃避，无可逃避的倒是他们所蹬着的踏车，因为他们不曾发觉那踏车不能使他们爬上更高的一层。当然，我是指那些比较高级的事业场中的人，已有很好的收入足够借以生活的人。但靠现有的收入过活，他们是认为可耻的，好比当着敌人而临阵脱逃一般；但若你去问他们，凭着他们的工作对公众能有什么贡献时，他们除了一大套老生常谈，替狂热的生活作一番宣传之外，定将瞠目不知所答。

假定有一个人，他有一所可爱的屋子，一个可爱的妻子，几个可爱的儿女。我们来设想一下他的生活看看。清早，全家好梦犹酣的时候，他就得醒来，匆匆地赶到公事房。在此，他的责任要他表现出一个大行政家的风度；他咬紧牙床，说话显得极有决断，脸上装得又机警又庄重，使每个人——除了公事房听差以外——都肃然起敬。他念着信稿叫人用打字机打下来，和各种重要人物在电话中接谈，研究商情，接着去陪着和他有买卖或他希望谈判一件买卖的人用午餐。同类的事情在下午继续进行。他疲倦不堪地回家，刚刚赶上穿衣服吃夜饭的时间。饭桌上，他和一大批同样疲乏的男人，不得不装做感到有妇女作伴的乐趣，她们还不曾有机会使自己疲倦呢。要几个钟点以后这个男人才获赦免，是无法预料的。末了他终于睡了，几小时内，紧张状态总算宽弛了一下。

这样一个男子的工作生活，其心理状态恰和百码竞走的人的相同；但他的竞走终点是坟墓，所以为百码的途程刚刚适配的精力集中，对于他却迟早要显得过分了。关于儿女，他知道些什么？平日他在办公室里；星期日他在高尔夫球场上。关于妻子，他知道些什么？他早上离开她时，她还睡着。整个的晚上，他和她忙着交际应酬，无法作亲密的谈话。大概他也没有心中契重的男友，虽然他对许多人装着非常亲热。他所知的春季和收获的秋季，不过是能够影响市场这一点，他也许见过外国，但用着厌烦得要死的眼睛去看的。书本于他是废物，音乐使他皱眉。他一年年地变得孤独，注意日益集中，事业以外的生活日益枯索。我在欧洲见过这一类的美国人在中年以后的境况。他带着妻子和女儿游历，显然是她们劝服这可怜的家伙的，教他相信已经到了休假的时候，同时也该使娘儿们有一个观光旧大陆的机会。兴奋出神的母女环绕着他。要他注意吸引她们的特色。极度疲乏极度烦闷的家长，却寻思着此时此刻公事房里或棒球场上所能发生的事情。女伴们终于对他绝望了，结论说男人是俗物。她们从未想到他是她们的贪婪的牺牲者；实在这也并不如何准确，好似欧洲人对印度殉节妇女的看法并不如何准确一样。大概十分之九的寡妇是自愿殉夫的，准备为了光荣，为了宗教的立法而自焚；美国事业家的宗教与光荣是多多地赚钱，所以他像印度寡妇一样，很乐意地忍受苦恼。这种人若要过得快乐一些的话，先得改变他的宗教。倘他不但愿望成功，并且真心相信"追求成功是一个男子的责任，凡是不这样做的人将是一个可怜的造物"；那么他总是精神过于集中，心中过于烦愁，决计快活不了。拿一件简单的事来说罢，例如投资。几乎个个美国人都不要四厘利息的比较稳当的投资，而宁愿八厘利息的比较冒险的投资。结果常有金钱的损失以及继续不断的烦虑和恼恨。至于我，我所希望于金钱的，不过是闲暇而安全。但典型的现代人所希望于金钱的，却是要它挣取更多的金钱，眼巴巴地望着的是场面、光辉，盖过目前和他并肩的人。美国的社会阶梯是不固定的，老是在升降的。因此，一切势利的情绪，远较社会阶级固定的地方为活跃，并且金钱本身虽不足使人伟大，但没有金钱确乎难于伟大。再加挣钱是测量一个人的头脑的公认的标准。挣一笔大钱的人是一个能干的家伙；否则便是蠢汉。谁乐意被认为蠢汉呢？所以当市场动荡不稳时，一个人的感觉就像青年人受考试时一样。

一个事业家的焦虑内，常有恐惧破产的后果的成分，这恐惧虽不合理，却是真切的。这一点我们应该承认。阿诺德·本涅特①书中的克莱亨格，尽管那样的富有，老是在担心自己要死在贫民习艺所里。我很知道，那些幼年时代深受贫穷的苦难的人，常常惧怕他们的孩子将来受到同样的苦难，觉得尽管挣上几百万的家私也难于抵御贫穷那大灾祸。这等恐惧在第一代上大抵是不可避免的，但从未尝过赤贫滋味的人就不会这样了。无论如何，惧怕贫穷究竟还是问题里面较小的与例外的因子。

过于重视竞争的成功，把它当作幸福的主源：这就种下了烦恼之根。我不否认成功的感觉使人容易领会到人生之乐。譬如说，青年时代一向默默无闻的一个画家，一朝受人赏识时，似乎要快乐得多。我也不否认金钱在某程度内很能增进幸福；但超过了那个程度就不然了。我坚持：成功只能为造成幸福的一分子，倘牺牲了一切其余的分

① 阿诺德·本涅特（Arnold Benett，一八六七——九三一），英国小说家，剧作家和批评家，以描写工业区域的题材著名。——译者注

子去赢取这一分子，代价就太高了。

这个弊病的来源，是事业圈内得势的那种人生哲学。在欧洲，别的有声威的团体的确还有。在有些国家，有贵族阶级；在一切的国家，有高深的技术人员；除了少数小国以外，海陆军人又是受到尊敬的人物。虽然一个人无论干何种职业总有一个争取成功的元素，但同时，被尊敬的并非就是成功，而是成功赖以实现的卓越（excellence）。一个科学家可能挣钱，也可能不挣钱；他挣钱时并不比他不挣钱时更受尊敬。发现一个优秀的将军或海军大将的贫穷是没有人惊奇的；的确，在这种情形之下的贫穷，在某一意义上还是一种荣誉。为了这些理由，在欧洲，纯粹逐鹿金钱的斗争只限于某些社团，而这些社团也许并非最有势力或最受尊敬的。在美洲，事情就不同了。公役在国民生活中的作用太小了，毫无影响可言。至于高深的技术，没有一个外行能说一个医生是否真正懂得很多医学，或一个律师是否真正懂得很多法律，所以从他们的生活水准上来推测他们的收入，再用收入来判断他们的本领学识，要容易得多。至于教授，那是事业家雇用的仆人，所以不比在较为古老的国家内受人尊敬。这一切的结果是，在美国，专家模仿事业家，却绝不能像在欧洲那样形成一个独立的社团。因此在整个的小康阶级内，那种为金钱的成功所作的艰苦的斗争，没有东西可以消解。

美国的男孩子，从很小时起就觉得金钱的成功是唯一重要的事，一切没有经济价值的教育是不值一顾的。然而教育素来被认为大部分是用以训练一个人的享受能力的，我在此所说的享受，乃是指全无教育的人所无法领略的、比较微妙的享受。十八世纪时，对文学、绘画、音乐能感到各别的乐趣，算是"缙绅先生"的特征之一。处于现代的我们，尽可对他们的口味不表同意，但至少那口味是真实的。今日的富翁却倾向于一种全然不同的典型。他从不看书。假如他为了增高声名起计而在家里造一间绘画陈列室时，他把选画的事完全交托给专家；他从画上所得的乐趣并非是观赏之乐，而是旁的富翁不复能占有这些图画之乐。关于音乐，碰到这富翁是犹太人的话，那他可能有真正的欣赏，否则他在这方面的无知，正如他在旁的艺术方面一模一样。这种情形，结果使他不知如何应付他的闲暇。既然他越来越富，挣钱也越来越容易，最后，一天五分钟内所挣来的钱，他简直不知怎样消费。一个人成功的结果，便是这样的彷徨失措。"把成功作为人生的目标"这观念在你心中存在多久，悲惨的情形也存在多久。成功的实现势必令你挨受烦闷的煎熬，除非你先懂得怎样去处置成功。

竞争的心理习惯，很易越出范围。譬如，拿看书来说。看书有两个动机，一个是体会读书之乐；另外一个是作夸口之用。美国有一种风气，太太们按月读着或似乎读着某几部书，有的全读，有的只读第一章，有的只读杂志上的批评，但大家桌上都放着这几部作品。可是她们并不读巨著。读书俱乐部从未把《汉姆莱特》或《李尔王》列入"每月选书"之内，也从没一个月显得需要认识但丁。因此她们的读物全是平庸的现代作品而永远没有名著。这也是竞争的后果之一，不过这或者并不完全坏，因为这些太太们，倘不经指导，非但不会读名著，也许会读些比她们的文学牧师或文学大师代选的更糟的书。

现代生活所以如是偏重于竞争，实在和文化水准的普遍的低落有关，就像罗马帝国时代奥古斯丁大帝以后①的情形一般。男男女女似乎都不能领会比较属于灵智方面的乐趣。譬如，一般的谈话艺术，为十八世纪的法国沙龙磨炼到登峰造极的，距今四十年前还是很活泼的传统。那是一种非常优美的艺术，为了一些渺茫空灵的题材，使最高级的官能活跃。但现代谁还关切这样有闲的事呢？在中国，十年以前这艺术还很昌盛，但恐民族主义者的使徒式的热诚，近来早已把它驱出了生活圈。五十年或一百年前，优美的文学知识，在有教育的人中间是极普遍的，如今只限于少数教授了。一切比较恬静的娱乐都被放弃。曾经有几个美国学生陪我在春天散步，穿过校旁的一座森林，其中满着鲜艳的野花，但我的向导中间没有一个叫得出它们的名字，甚至一种野花都不认识。这种知识有什么用呢？它又不能增加任何人的收入。

病根不单单伏在个人身上，所以个人也不能在他单独的情形内阻止这病象。病根是一般人所公认的人生哲学，以为人生是搏斗，是竞争，尊敬是属于胜利者的。这种观点使人牺牲了理性和思悟，去过度地培养意志。或许我们这么说是倒果为因。清教徒派的道学家，在近代老是大声疾呼地提倡意志，虽然他们原本着重的是信仰。可能是，清教徒时代产生了一个种族，它的意志发展过度，而理性与思悟却被抛在一边，所以这种族采取了竞争的哲学，以为最适合它的天性。不问竞争的起源究竟如何，这些爱权势不爱聪明的现代恐龙，的确有了空前的成功，普遍地被人模仿：他们到处成为白种人的模型，这趋势

① 系公元一世纪后。——译者注

在以后的百年中似乎还要加强。然而那般不迎合潮流的人大可安慰，只要想到史前的恐龙最后并未胜利；它们互相残杀，把它们的王国留给聪明的旁观者承受。我们现代的恐龙也在自杀。平均而论，他们之中每对夫妇所生的儿女不到两个；他们对于人生并没有相当的乐趣可使他们愿望生男育女。在这一点上，他们从清教徒派的祖宗那里承袭下来的过度的狂热哲学，似乎并不适合这个世界。那批对人生的瞻望使他们如是不快，以致不愿生孩子的人，在生物学上看来是受了死刑的宣判。多少年后，他们一定要被更快乐更欢畅的人替代。

竞争而当作人生的主体，确是太可怕，太执拗，使肌肉太紧张，意志太专注；倘用作人生的基础的话，决不能持续到一二代。之后，定会产生神经衰弱，各种遁世现象，和工作同样紧张同样困难的寻欢作乐（既然宽弛已成为不可能），临了是因不育之故而归于灭亡。竞争哲学所毒害的，不止工作而已，闲暇所受到的毒害也相等。凡能恢复神经的，恬静的闲暇，在从事竞争的人看来是厌烦的。继续不断的加速度变得不可避免了，结果势必是停滞与崩溃。救治之道是在"保持生活平衡"这个观念之下，接受健全而恬静的享受。

烦闷与兴奋

烦闷，以人类行为的一个因子而论，我觉得太不受人重视了。我相信，它曾经是历史上各时代中重要动力之一，在今日尤其是如此。烦闷似乎是人类独有的情绪。野兽被拘囚时，固然是无精打采，蹋来踱去，呵欠连连，但在自然的情态中，我不信它们有类乎烦闷的境界。它们大半的时间用在搜索敌人或食物，或同时搜索两者；有时它们交配，有时设法取暖。但即使它们在不快乐的辰光，我也不以为它们会烦闷。也许类人猿在这一点上像在许多旁的事情上一样同我们相似，但我既从未和它们一起过活，也就无从实验了。烦闷的特色之一，是眼前摆着"现状"，想象里又盘旋着"另外一些更愉快的情状"，两者之间形成一个对照。烦闷的另一要素，是一个人的官能必不专注于一事一物。从要你性命的敌人那里逃跑，我想当然是不愉快的，但决不令人纳闷。一个人逢到引颈待戮的时候不会觉得烦闷，除非他有超人的勇气。在类似的情形中，没有人在初进上院的处女演说中间打呵欠，——除了已故的特洪夏公爵，他是为了这件出人意料的举动而赢得上院同僚的敬重的。烦闷在本质上是渴望发生事故，所渴望的不一定是愉快的事情，只要是一些事情，能使烦闷的人觉得这一天和别一天有些不同就行。一言以蔽之，烦闷的反面不是欢娱，而是兴奋。

兴奋的欲望在人类心中是根深蒂固的，尤其是男性。我猜想，这欲望在狩猎社会的阶段里要容易满足得多。行猎是兴奋的，战争是兴奋的，求偶是兴奋的。一个野蛮人，遇到一个身旁有丈夫睡着的女人，就会设法犯奸，虽然他明知丈夫一醒他便要送命。此情此景，我想决不令人纳闷。但人类进入农业阶段时，生活就开始变得黯淡乏味了，只有贵族还留在狩猎的阶段直到如今。我们听到很多关于机械管理如何可厌的话，但我想旧式耕作的农业至少也同样可厌。的确，我和一般博爱主义者抱着相反的见解，以为机械时代大大地减少了世界上的烦闷。以薪水阶级论，工作时间是不孤独的，夜晚又可消磨在各种娱乐上面，而这在老式的乡村中是不可能的。再看中下阶级的生活变化。从前，晚饭以后，当妻女们把一切洗涤打扫完后，大家团团坐下，来享受那所谓"快乐的家庭时间"。那就是：家长蒙眬入睡，妻子编织着活计，女儿们却在暗暗赌咒，宁愿死去或者到北非洲去。她们既不准看书，又不准离开房间，因为在理论上说，那时间是父亲和女儿们谈话的，而谈话必然是大家的乐趣所在。倘使运气，那么她们终于嫁了人，有机会使她们的孩子挨受一个和她们挨受过来的同样黯淡的青春。倘使不运气，她们便慢慢地走上老处女的路，也许最后变成憔悴的淑媛贤女，——这种残酷的命运，和野蛮人赏给他们的牺牲者的毫无分别。估量百年前的社会时，我们必然感到这副烦闷的重担，并且在过去越追溯上去，烦闷的程度也越厉害。想想中古时代一个村落里的冬天的单调罢。人们不能读，不能写，天黑以后只有蜡烛给他们一些光，只有一个房间不算冷得彻骨，却满着炉灶的烟。乡里的路简直无法通行，所以一个人难得看见别个村子里的什么人。"赶女巫"的游戏，成为消遣严冬的唯一的方法，促成这种游戏的原因固然很多，但烦闷一定是其中重要的一个。

我们不像我们祖先那样烦闷得厉害，但更加怕烦闷。我们终于知道，更准确地说是相信：烦闷并非一个人自然的命数，而是可以逃避的，逃避之法便是相当强烈地去追求刺激。现在，少女们自己谋生，而且赚很多的钱，为要能在晚上寻求刺激，逃避当年祖母们不得不忍受的"快乐的家庭时间"。凡是能住在城里的人都住在城里；在美国，不能住在城里的却有一辆汽车，或至少是摩托车，把他们载往电影院。不用说，他们家里都有收音机。青年男女的会面，远没从前困难了；简·奥斯丁①的女主角在整部小说里巴望着的刺激，现在连女仆都可以希望每周至少有一次。我们在社会阶梯上越往上爬，刺激的追逐便越来越剧烈。凡有能力追逐的人，永远席不暇暖地到处奔波着，随身带着欢悦，跳舞，吃喝，但为了某些缘故，他们老希望在一个新的地方享用得更痛快。凡是不得不谋生的人，在工作时间内势必要有他们的一份烦闷，但一般富有到可以毋需工作之辈，就过着远离烦闷的生活，算做他们的理想了。这的确是一个美妙的理想，我也决不加以非议，但我怕像别的理想一样，这桩理想的难于实现，远非理想家始料所及。总之，越是隔夜过得好玩，越是明朝显得无聊。而且将来还有中年，可

① 简·奥斯丁(Jane Austen，一七七五——八一七)英国女小说家。——译者注

能还有老年。在二十岁上，人们以为到三十岁生活便完了。我现在已经五十八岁，却再不能抱这种观念。也许把一个人的生命资源当作经济资源般消费是不智的。也许烦闷之中的某些元素是人生必不可少的因子。逃避烦闷的愿望是天然的，不错，个个种族在有机会时都表现出这个愿望。当野蛮人初次在白种人手里尝到酒精时，他们毕竟找到了一件法宝，可以逃避年代久远的烦闷了，除非政府干涉，他们会狂饮以死。战争、屠杀、迫害，都是逃避烦闷的一部分，甚至跟邻居吵架似乎也比长日无事要好过些。所以烦闷是道学家所应付的主要问题，因为人类的罪恶至少半数是从惧怕烦闷来的。

虽然如此，我们不该把烦闷当作完全是坏的。烦闷有两种：一种是生产的，一种是令人愚蠢的。生产的那一种是由于不麻痹（不麻痹方有烦闷）；令人愚蠢的一种是由于缺乏有生机的活动（缺乏有生机的活动亦是造成烦闷的原因）。我不说"麻痹"不能在生活中发生任何良好的作用。譬如，一个明哲的医生有时要在药方上开列麻醉剂，而这种时候，我想要远比倡禁用论者所想象的为多。但渴望麻痹决不是一件可以听任自然的冲动而不加阻遏的事情。一个惯于麻醉的人在缺乏麻醉时所感到的烦闷，只有时间可以消解。可以适用于麻痹的理论，同样可适用于各种刺激。兴奋过度的生活是使人筋疲力尽的生活，它需要不断加强的刺激来使你震动，到后来这震动竟被认为娱乐的主要部分。一个惯于过度兴奋的人，仿佛一个有胡椒癖的人，谁都受不住的分量，在他简直连味道都不曾尝到。烦闷，有一部分是和逃避过度的兴奋有密切关连的，而过度的兴奋不但损害健康，抑且使口味对一切的快感变得麻木，酥软代替了感官的酣畅的满足，巧妙代替了智慧，参差不齐代替了美。我并不想把反对兴奋的议论推之极端。分量相当的兴奋是滋补的，但像几乎所有的东西一般，分量对于利弊有着极大的出入。刺激太少，产生病态的嗜欲，刺激太多，使人精力枯竭。所以忍受烦闷的能耐，对于幸福生活是必要的，是应该教给青年人的许多事情之一。

一切伟大的著作含有乏味的部分，一切伟大的生活含有沉闷的努力。假定《旧约》是一部新的原稿，初次送到一个现代美国出版家手里，他的批评我们不难想象得之。关于谱系部分，他大概会说："亲爱的先生，这一章缺少刺激；你不能希望一大串事迹讲得极少的人名引起读者兴味。你的故事用了很优美的风格开场，我承认，最初我颇有些好印象，但你太想把故事全盘托出了。取出精华，删掉废料，等你把全书的篇幅节略到合乎情理时，再拿回给我罢。"现代出版家这么说着，因为他识得现代读者的畏惧烦闷。对于孔子的名著、《可兰经》、马克思的《资本论》、以及一切销行最广的经典，他都可说同样的话。而且不止神圣的典籍，一切最好的小说都有沉闷的篇章。一本从头至尾光芒四射的小说，几乎可断定不是一部佳作。即是伟人们的生活，除了少数伟大的时期以外，也很少令人兴奋的地方。苏格拉底不时可以享用一顿筵席，且当毒药在肚里发作的时候，他的确从和门徒的谈话里得到很大的满足①，但他大半的生涯，是和妻子俩安静地过着日子，下午作一次散步，路上或者遇到几个朋友。康德相传终生未尝走出故乡十里以外。达尔文周游世界以后，余下的时间都是在家里消磨的。

---

① 苏格拉底被判死刑后是仰毒的，但他饮了毒酒以后，仍和门徒谈笑自若。——译者注

马克思掀动了几处革命以后，决意在不列颠博物馆中度他的余年。从全体看来，安静的生活是大人物的特征，他们的喜乐也不是外人心目中认为兴奋的那一种。一切伟大的成就必须历久不懈地工作，其精神贯注与艰难的程度，使人再没余力去应付狂热的娱乐；在假日用来恢复体力的运动当然除外，攀登阿尔卑斯便是一个最好的例子。

忍受单调生活的能力，应该自幼培养。在这一点上，现代父母大大该受责备：他们供给儿童的被动的娱乐实在太多，例如电影与珍馐之类，他们不懂得平淡的日子对儿童是如何重要，过节一般的日子只好难得有的。儿童的娱乐，在原则上应当让他用一些努力和发明，从他的环境中自己去创造出来。凡是兴奋的，同时不包括体力运动的娱乐，如观剧等等，决不可常有。刺激在本质上便是麻醉品，使人的瘾越来越深，而兴奋时间的肉体的静止，又是违反本能的。倘使让一个孩子，像一株植物一般在本土上自生自发，其长成的结果一定极其圆满。太多的旅行，太多复杂的印象，不适宜于青年人，徒然使他们长大起来不耐寂寞，殊不知唯寂寞才能生产果实。我不说寂寞本身有何优点；我只说某些美妙的事物，没有相当的寂寞单调就不能享受。譬如拿华兹华斯的名诗《序曲》来说，每个读者都能觉得，这首诗在思想与感觉上的价值，一个心思错杂的都市青年决不能领会。一个男孩子或青年人，若抱着严肃而有建设性的目标，一定甘心情愿地忍受大量的烦闷，要是必需的话。但若过着一种心思散漫、纵情佚乐的生活，一个青年人的头脑里就难于孕育有建设性的目标；因为在此情形中，他的念头所贯注的将是未来的欢娱，而非遥远的成就。为了这些缘故，不能忍受烦闷的一代，定是人物渺小的一代，和自然的迟缓的进行脱去了联系，每个有生机的冲动慢慢地枯萎，好比瓶花那样。

我不爱用神秘玄妙的辞藻，但我心中的意思，倘不用多诗意而少科学意味的句子，简直难于表白。不论我们如何想法，我们总是大地之子。我们的生活是大地生活之一部，我们从大地上采取食粮，与动植物一般无二。自然生活的节奏是迟缓的，对于它，秋冬之重要一如春夏，休息之重要不下于动作。必须使人，尤其是儿童，和自然生活的涨落动定保持接触。人的肉体，经过了多少年代，已和这个节奏合拍，宗教在复活节的庆祝里就多少包含着这种意义。我小时候一向被养在伦敦，两岁时初次给带到绿野去散步，时节是冬天，一切潮湿而黯淡。在成人的目光中，这种景色毫无欢乐可言，但孩子的心却沉浸在奇妙的沉想中了，我跪在潮润的地上，脸孔紧贴着草皮，发出不成音的快乐的呼声。那时我所感到的快乐是原始的、单纯的、浑然一片的。这种官能的需要是非常强烈的，凡是在这方面不获满足的人难得是一个完全健全的人。许多娱乐，本身没有这种与大地接触的成分，例如赌博。这样的娱乐一朝停止时，一个人就感到污浊与不满，似乎缺少了什么，但缺少的究竟是什么，连他自己也不知道。可能称做"欢悦"的成分，这种娱乐决不能给你。反之，凡使我们接触大地生活的游戏，本身就有令人深感快慰的成分，它们停止时，带来的快乐并不跟着消灭，虽然它们存在时，快乐之强烈不及更为兴奋的行乐。这种区别，从最单纯的到最文明的行为，都一样存在。我刚才提及的两岁的孩子，表现着与大地生活合一的最原始的形式。但在较高级的形式上，同样的情境可在诗歌中发现。莎士比亚的抒情诗所以卓绝千古，就因为其中充满着和两岁的幼儿拥抱绿草时同样的欢乐。"听，听，那云雀"，这种名句里面，不就包含着和婴孩只能用不成音的叫喊来表现的相同的情绪？或者，再考虑一下爱情和单纯的性行为中间的区别。爱情使我们整个的生命更新，正如大旱之后的甘霖对于植物一样。没有爱的性行为，却全无这等力量。一刹的欢娱过后，剩下的是疲倦、厌恶，以及生命空虚之感。爱是自然生活之一部，没有爱的性行为可不是的。

现代都市居民所感受的特殊的烦闷，即和脱离自然生活有着密切的关系。脱离了自然，生活就变得燥热、污秽、枯燥，有如沙漠中的旅行。在那些富有到能够自择生活的人中间，不可忍受的烦闷，是从——不管这种论调显得如何奇特——惧怕烦闷来的。为了逃避那富有建设性的烦闷，他们反而堕入另一种更可怕的烦闷。幸福的生活，大半有赖于恬静，因为唯有在恬静的空气中，真正的欢乐才能常住。

疲 劳

疲劳有许多种，从妨害幸福一点上着眼，有几种疲劳要比别的几种更严重。纯粹肉体的劳顿，只要不过度，倒多少是快乐的因子，它使人睡眠酣畅，胃口旺盛，对于假日可能有的娱乐觉得兴致勃勃。但劳顿过度时就变成严重的祸害了。除了最进步的社会以外，地球上到处的农家妇女三十岁上便老了，被过度的劳作弄得筋疲力尽。工业社会的早期，儿童的发育受着阻碍，往往在幼年就劳役过度而天折。在工业革命上还是新进的中国和日本，这种事情现在还有；在某程度内，连美国南方的几州也仍不免。超过了相当限度的肉体劳作，实在是残酷的刑罚，而事实上常有那样的苦役，使人生几于无法挨受。虽然如此，在现代世界上最进步的几个地方，由于工业状况之改进，肉体的疲劳已大为减轻。今日，进步的社会里最严重的一种疲劳，乃是神经的疲劳。奇怪的是，抱怨这种疲倦的呼声，最多来自小康阶级、事业家，和劳心者，在工薪阶级里倒反而少。

要在现代生活中逃避神经的疲惫，是一件极难的事。第一，在整个的工作时间，尤其在工作时间与在家时间的空隙内，一个都市工作者老是受着声音的烦扰。固然，大半的吵闹他已学会不去理会，但仍旧免不了受它磨折，特别因为他潜意识里努力想不去听它之故。还有我们不觉察的别的令人疲意的事情，就是永远遇着生人。像别的动物一般，人的本能永远暗中窥探着和他同种族的生客，以便决定用友善的抑敌意的态度去对付。但在忙碌时间在地下铁道上旅行的人，不得不把这本能抑压下去，抑压的结果，使他对一切不由自主要接触到的陌生人感到无限的愤怒。此外还有赶早车的匆忙，连带着消化不良。所以等到进公事房，一天的工作刚开始时，这个穿黑衣服的工作者，神经已经疲惫，很易把人类看作厌物了。抱着同样心境到来的雇主，绝对不去消除雇员的这种倾向。为了惧怕开差，他们只得装着恭顺的态度，但这勉强的举动使神经格外紧张。倘若雇员可以每周扯一次雇主的鼻子，用另一种态度把他们心里对他的想法讲出来，那么他们紧张的神经或会松弛下来，但为雇主着想，这办法仍旧解决不了问题，因为他也有他的烦恼。恐惧破产之于雇主，正如恐惧开差之于雇员。固然，颇有一般地位稳固、毋庸担心的人，但要爬到这样高的位置，先得经过多少年狂热的斗争，在斗争期间对社会各部门的事故必须了如指掌，对竞争者的计谋不断地挫败。这一切的结果是，等到完满的成功来到时，一个人的神经早已支离破碎，长时间的惯于操心，使他在无需操心时仍旧摆脱不掉那习惯。富翁的儿子们，固然可以说是例外了，但他们往往自己制造出烦虑，和自己并未生而富有时所将感到的痛苦一样。由于赌博，他们招致父亲的憎厌；由于追逐欢娱而熬夜，他们糟蹋身体；等到一朝安定下来时，已经和从前父亲一样没有能力享受快乐了。有的甘心情愿，有的不由自主，有的咎由自取，有的迫不得已，总之，现代的人大半过着神经破裂的生活，永远疲劳过度，除了乞灵于酒精之外，不复能有所享受。

且把这批疯癫的富翁丢过一边，让我们来谈谈为了谋生而疲乏的比较普遍的情形罢。在这等情形内，疲劳大部分是由烦恼而来，而烦恼是可用较为高明的人生哲学和较多的精神纪律来免除的。多数男女极缺少控制自己思想的能力。我的意思是说，他们不能在对烦恼之事无法可施的时候停止思想。男人把事业上的烦恼带上床；夜里照理应该培养新鲜的力量去应付明日的难题，他们却把眼前一无法想的题目在脑筋里左思右想，盘算不休，而这思想的方式，又不是替明日的行为定下清楚的方针，而是失眠时所特有的病态的胡思乱想。半夜疯狂的残余，一直留到下一天早上，把他们的判断力弄迷糊了，把他们的心情弄坏了，一不如意就大发雷霆。一个明哲之士，只在有目的时才思索他的烦恼；在旁的时候，他想着旁的事情；倘使在夜里，他就什么都不想。我并不说，在大风潮中，当倾家荡产显得不可避免时，或一个丈夫明知妻子欺骗了他时，仍可能（除非少数特别有纪律的头脑）在无计可施时停止思想。但很可能把日常生活中的日常烦恼，在需要应付的时间以外，置之脑后。在适当的时间思索一件事情，而不在任何时间胡思乱想：培养这么一副有秩序的头脑，对于幸福与效率两者都能有惊人的作用。当你需要把一个困难的或令人愁虑的问题下一决断时，全部的材料一到手，就立刻运用你最好的思想去应付并且决定；决定之后，除非再有新事实发现，再勿重新考虑。迟疑不决最是磨折人，也最是无裨实际。

另一个方法可以消除多数的烦恼,就是明白那使你操心的事根本无关重要。我曾有一时作着无数的公共演讲,最初,每一场听众都令我害怕,慌张的心绪使我讲得很坏,对此窘境的惧怕,竟使我老是希望在讲演之前遇到什么意外,讲过以后我又因神经紧张而疲倦不堪。慢慢地,我教自己觉得我演讲的好坏根本无足重轻,宇宙决不因我演说的优劣而有所改变。于是我发觉,越是不在乎讲得好或坏,我越是讲得不坏,神经紧张慢慢减退,几乎完全没有了。许多的神经疲愈,可以用这种方法对付。我们的行为并不像我们假想的那么重要;归根结底,我们的失败或成功并没什么了不得。甚至刻骨铭心的忧伤也打不倒我们,似乎要结束我们终生幸福的烦恼,会随着悠悠的岁月而黯淡,后来连烦恼的锋利也几乎淡忘了。但在这些自我中心的考虑以外,还有一项事实应得注意,即一个人的"自我"并非世界上一个重要的部分。一个人而能把希望与思念集中在超越自己的事情上,必能在日常生活的烦恼中获得安息,而这是纯粹的唯我主义者所办不到的。

可能称做神经卫生的问题,一向被研究得不够。工业心理学,的确在疲劳方面用过探讨功夫,并用详细的统计来证明,倘若一件事情做得相当长久,结果必令人疲乏,——其实这结果是毋须那么多的科学炫耀便可猜想而知的。心理学家的疲劳研究,主要只限于肌肉的疲劳,虽然他们也考虑若干学童的疲劳问题。然而这些研究中没有一种触及重要的题目。在现代生活里成为重要的一种疲倦,总是属于情绪方面的,纯粹的智力疲愈,如纯粹的肌肉疲愈一样,可因睡眠而获救济。无论哪一个劳心者,倘他的工作不涉感情(譬如计算工作),那么每夜的睡眠总可把每天的疲劳一扫而尽。归咎于过度劳作的弊害,实在并不应该由过度的劳作负责，产生弊害的乃是某种烦恼与焦虑。情绪的疲惫所以困人，是因为它扰乱休息。一个人愈疲乏，就愈不能停止。神经衰败的前兆之一，是相信自己的工作重要无比，一休息就要闯祸。假如我是一个医生，定将教一切觉得自己的工作重要的病人去休假。在我个人知道的例子中，表面上似由工作促成的神经衰败，实在都是情绪困惑所致，神经衰败的人原是为了逃避这种困惑才去埋头工作的。他不愿放弃工作，因为放弃之后，再没东西可以使他忘记他的不幸了。当然，他的烦恼可能是惧怕破产，那么，他的工作是和烦恼直接有关的了，但在当时，他的忧虑诱使他长时期的劳作，以便蒙蔽他的判断力，仿佛他工作一减少，破产就会来得更早一般。总而言之，使人心力崩溃的是情绪的骚乱而非工作。

研究"烦虑"的心理学并不简单。我已提及精神纪律，即在适当的时间思索事情。这是自有它的重要性的，第一因为它可让人少费心思而做完日常工作，第二因为它可以治疗失眠，第三因为它可以促进决断时的效率和智慧。但这一类的方法不能达到潜意识界或无意识界，而当一桩烦恼是很严重的时候，凡是不能深入到意识之下的方法就决无用处。心理学家曾大大研究过潜意识对于意识的作用，但很少研究意识对于潜意识的作用。而这在心理卫生上是非常重要的，并且，倘使合理的信念果能在潜意识领域内发生作用的话，那么这个作用实在应该懂得。这一点，特别适用于烦虑这问题。一个人很容易在心中思忖，说某种某种的不幸，万一遇到，并不如何可怕，但这种念头单单留在意识界里，就不能在夜间的思虑上起作用，也不能阻止恶梦的来临。我的信念是，一个意识界里的念头可以种植到潜意识界里去，只消这念头有相当的强烈和力量。潜意识界所包含的，大半是早先非常明显的、情绪方面的、有意识的思想，现在却是给埋藏起来了。要有意地去做这番埋藏的手续，是可能的，即在这方式之下，我们可使潜意识做许多有益的工作。譬如，我曾发现，倘我要写一篇题目较难的文章，最好的方法，莫如聚精会神——竭尽所能地聚精会神地把题目思索几小时或几天，然后把工作丢到下意识里去进行。几个月后，我再用清楚的意识回到那个题目上去时，我发觉作品已经完成。在未曾发现这个技巧之前，我往往把中间的几个月消耗在烦恼上面，因为工作没有进步；可是我并不能因烦恼而把问题早些解决，中间的几个月反而浪费掉，至于现在，我却可以把这个时间另作别用。同样的方法可适用于种种的忧虑。当你受着某种灾祸威胁时，且好好地，深思熟虑地推敲一下，究竟有什么最恶劣的情形会发生。对此可能的灾祸正视过后，再寻出一些正当的理由，使你相信终究这也不见得是什么大祸。这种理由终归有的，因为即使一个人遇到最恶劣的事情，也决无影响宇宙的重要性，等你在若干时间内把可能的恶事坚毅地瞅视过了，抱着真切的信念自忖道，"也罢，毕竟也没有什么了不得"，那时你将发觉你的烦恼消失了一大部分。这种办法可能需要重复几遍，但若你考虑最恶劣的可能性时不曾有所规避，你定会发现你的烦恼全部消灭，代之而兴的是一种酣畅的喜悦。

这是解除"恐惧"的一种更广泛的技巧里的一部分。烦恼是恐惧的一种，而一切的恐惧都产生疲劳。一个人而能学会不觉恐惧，就发觉日常生活的疲劳大为减少。恐惧之来，以为害最大的形式来说，是因为有些我们不愿正视的危险。在特殊的时间，一些可怕的思想闯入我们的头脑里；思想的内容因人而异，但几乎人人都有潜藏的恐惧。有的人怕癌症，有的人怕经济破产，有的怕不名誉的秘密泄露，有的被嫉妒的猜疑所苦，有的在夜里老想着童时听到的地狱之火或许真有。大概所有这批人都用了错误的方法对付他们的恐惧：恐惧一闯入他们的脑海，他们立即试着去想旁的事情；他们用娱乐，用工作，用一切去转移自己的念头。因为不敢正视，每种恐惧越变得严重。转移思想的努力，恰恰把你存心规避的幽灵加强了可怕性。对付无论何种的恐惧的正当办法，是集中精神，合理地、镇静地把恐惧想一个彻底，直到你和它完全熟习为止。熟习的结果，可怕性给磨钝了；整个题目将显得无聊，于是我们的念头自会转向别处，但这一次的转移并不像从前那样的出于意志与努力，而是对题目不复感到兴趣所致。当你发觉自己倾向于对某些事情作沉想时，不管是什么事情，最好是把它仔细思索过，甚至比你本来愿意想的还要多，直到这件事情的不健全的魔力终于消失为止。

现代伦理学最大的失败之一，便是恐惧问题。固然我们属望男人有肉体的勇敢，尤其在战争中，但并不希冀他们有别的勇敢，对于女人，根本不希望她们有任何种的勇敢。一个勇敢的女子假如愿意男人们爱她，就得把她的勇敢藏起来。一个男人的勇敢倘不限于体力方面，也将被认为不善良。譬如，漠视舆论是被认为挑衅，群众将竭尽所能来惩戒这个胆敢蔑视他们的权威的家伙。这种种全是不对的。各式各种的勇敢，不问在男人或女人身上，应该像军人的英勇一样受到赞美。青年男子的肉体的勇敢是常见的，足证勇敢可以应舆论的要求而产生。只要增多勇气，就可减少烦虑，跟着也减少疲劳；因为现在男男女女所感受的神经疲愈，大部分是由于有意识的或无意识的恐惧。

疲劳的来源，往往由于太爱兴奋。一个人倘能用睡眠来消磨余暇，就可保持身体康健，但他的工作时间是乏味的，所以需要在自由时间寻些快活。为难的是，容易得到的和表面上最引人的娱乐，大半是磨蚀神经的。渴望兴奋，超过了某一点，就表示一种不正常的天性，或表示某种本能的不满足。在一场完满的婚姻的早期，多数男人觉得毋需兴奋，但现代社会里，婚姻往往展缓到那么长久，以致等到经济上有力量结婚时，兴奋已经成为一种习惯，绝对不能受长时期的抑止了。假若舆论允许男人在二十一岁上结婚而不受现在婚姻所附带的经济重负，那么，将有许多男人不要求和工作同样累人的娱乐了。虽然如此，这种提议是不道德的，只看前几年林特赛法官的榜样就可知道。他一生清白，临了却受人咒骂，只因为他想把青年们从老辈的固执所造成的不幸中解救出来。可是我现在不预备讨论下去，因为那是下一章《嫉妒》里面的题目。

个人既无法改变法律与制度，要应付高压的道学家所创造而保存的局面，当然不易。然而我们不难觉察，兴奋的欢娱不是一条幸福之路；虽是在更可满意的欢乐不得到手的时候，一个人总觉得除非乞灵于刺激，生活简直难以挨受。在这种情形之下，一个谨慎之士所能做的，是限制自己的食量，勿使自己享有过度的累人的娱乐，以致损害他的健康或工作。对于青年人的烦恼困恼，彻底的治疗是改变公众的道德观。目前，一个青年最好想到他最后终是要结婚的；假如目前的生活方式会使以后的快乐婚姻不可能，便是不智，因为神经衰敝，不能领受较温和的娱乐，哪还能有快乐的婚姻可以希望？

神经疲惫的最恶劣的现象之一，是它仿佛在一个人与外界之间挂了一重帘幕。他感受的印象是模糊的，声音微弱的；他不复注意四周的人物，除非被人用小手段或怪习气激怒的时候；他对于饮食与阳光毫无乐趣，只念念不忘地想着一些问题，对其余的全不理会。这种情形使人无法休息，以致疲劳有增无减，终而至于非请教医生不可。这种种，实在都是和大地失去接触的惩罚（在上一章内我已提到）。但在现代大都市的群众集团里，怎样去保持这种接触，却绝对难于看到。在此，我们又迫近了广大的社会问题的边缘，而这不是我在本书内所欲讨论的。

嫉 妒*

不快乐的许多最大的原因中，烦恼以次当推嫉妒。嫉妒是最普遍、根子最深的情欲之一。儿童未满一岁，即有这种表现，教养的人必须出以温柔谨慎的态度。在一个孩子前面露出些少对于另一孩子的偏爱时，那个被冷落的孩子立刻会觉察而且憎恨。因此凡有儿童的人务必保持分配平均的公道，且要绝对的、严格的、一成不变的公道。但孩子在表现嫉妒与戒忌（那是特殊形式的一种嫉妒）方面，不过比成人稍稍露骨而已。这种情绪在成人身上和在儿童身上同样普遍。譬如拿女仆为例：我记得我们的女仆之中曾有一个是已婚的，当她怀孕时，我们就说她不能再举重物，立刻所有的女仆都不举重物了，结果这一类的工作只好由我们亲自动手。嫉妒也是民主制度的基础。古希

---

* 英文 envy 一字，作嫉他人之所有，妒自己之所无解；jealousy 一字则作恐己之所有被人侵占或分享解。但中文之嫉妒、妒羡、妒忌、艳羡等词，皆无 jealousy 之涵义。而 jealousy 与 envy 一部分意义相同，一部分又相异，故遇原文以此二字并列时，译者浅学，殊无适当之词可以移译。兹姑以嫉妒译 envy，戒忌译 jealousy（但在日用语文中，envy 与 jealousy 之分野并不如此严格）。——译者注

腊哲学家赫拉克利特斯①说所有的伊弗琐②公民都该缢死，因为他们说"我们之中不许有一个凌驾众人的人"。希腊各邦的民主运动，定是大半受这种情欲的感应。近代的民主政体也是如此。固然有一种观念派的理论，把民主政体当作最完满的政府形式。我个人也以为这理论是对的。但若观念论有充分的力量足以产生大变化时，实际政治也没有存在的余地了；大变化发生的时候，那些替大变化辩护的理论，只永远是遮蔽情欲的烟幕罢了。而推动民主理论的那股情欲，毫无疑问是嫉妒。罗兰夫人③素来被认为高尚的夫人，完全抱着献身民众的意念；但你去读她的回忆录时，就可发现使她成为这样一个热烈的民主主义者的，是她曾经在一个贵族的宫堡中被带到下房里接见。

在一般的善良妇女身上，嫉妒具有非常大的作用。要是你坐在地道车内，有一个衣服华丽的女子在车厢旁边走过时，你试试留神旁的女子的目光罢。她们之中，除了比那个女子穿着更华美的以外，都将用着恶意的眼光注视着她，同时争先恐后地寻出贬抑她的说话。欢喜飞短流长的谈论人家的阴私，就是这种一般的恶意的表现：对别一个女人不利的故事，立刻被人相信，哪怕是捕风捉影之谈。一种严峻的道德观也被作着同样的用处：那些有机会背叛道德的人是被炉忌的，去惩罚这等罪人是被认为有功德的。有功德当然就是道德的酬报了。

同样的情形同样见之于男人，不过女人是把一切旁的女人看作敌

---

① 赫拉克利特斯（Heraclitus，前五四〇？—前四八〇？），希腊哲学家。——译者注

② 小亚细亚古城名。——译者注

③ 罗兰夫人（Mme Roland，一七五四——七九三），法国工业科学家让-马里·罗兰之妻，法国女革命家，倡"不自由毋宁死"之口号。——译者注

手，而男人普通只对同行同业才这样看法。我要一问读者，你曾否冒失到当着一个艺术家去称赞另一艺术家？曾否当着一个政治家去称赞同一政党的另一政治家？曾否当着一个埃及考古家去称赞另一埃及考古家？假如你曾这样做，那么一百次准有九十九次你引起炉火的爆发。在莱布尼茨①与惠更斯②的通讯中，多少封信都替谣传的牛顿发疯这件事悲叹。他们互相在信里写着："这个卓绝的天才牛顿先生居然失掉理性，岂不可悲？"这两位贤者，一封又一封的信，显然是津津有味地流了多少假眼泪。事实上他们假仁假义的惋惜之事并不真实，牛顿不过有了几种古怪的举动，以致引起谣言罢了。

普通的人性的一切特征中，最不幸的莫如嫉妒；嫉妒的人不但希望随时（只要自己能逃法网）给人祸害，抑且他自己也因嫉妒而忧郁不欢。照理他应该在自己的所有中寻快乐，他反而在别人的所有中找痛苦。如果能够，他将剥夺人家的利益，他认为这和他自己占有利益同样需要。倘听任这种情欲放肆，那么，非但一切的优秀卓越之士要受其害，连特殊巧艺的最有益的运用也将蒙其祸。为何一个医生可以坐着车子去诊治病人，而劳工只能步行去上工？为何一个科学实验家能在一间温暖的室内消磨时间，而别人却要冒受风寒？为何一个赋有稀有才具的人可毋须躬操井臼？对这些问题，嫉妒找不到答案。幸而人类天性中还有另一宗激情——钦佩——可以作为补偿。凡祝望加增

---

① 莱布尼茨（Gottfried Wihelm Leibniz，一六四六——七一六）德国数学家、哲学家。——译者注

② 惠更斯（Christian Huyghens，一六二九——一六九五）荷兰物理学家、几何学家、天文学家。——译者注

人类的幸福的人，就该祝望加增钦佩、减少嫉妒。

治疗嫉妒有什么方法？以圣者而论，他有对"自私"的治疗，可是对别的圣者不见得绝对没有嫉妒。我怀疑，倘若圣·西曼翁·斯蒂里德①得悉另有什么圣者，在一根更窄的柱上站得更长久的话，是否完全快慰。但丢开圣者不谈，一般男女的嫉妒的唯一的治疗，是快乐，为难的便是嫉妒本身便是快乐的大阻碍。我认为嫉妒是大大地受着童年的不幸鼓动的。一个孩子发觉人家在他面前偏爱他的兄弟姊妹，就养成了嫉妒的习惯，等他进入社会时，他便搜寻那侵害他的不公平：假如真有，他会立刻找到，假如没有，他用想象来创造。这样一个人必然是不快乐的，在朋友心目中成为一个厌物，因为他们不能永远记着去避免他想象之中的轻视。他一开场便相信没有一个人喜欢他，终于他的行为把他的信念变为了事实。还有一种童年的不幸可以产生同样的后果，即是遇到缺乏慈爱的父母。一个孩子，虽没有被宠幸的兄弟姊妹，却觉察到别的家庭里别的孩子比他更受父母疼爱。这使他憎恨别的孩子和他自己的父母，长大起来觉得自己是一个社会的放逐者。有几种快乐是一个人天赋的权利，倘被剥夺，必致乖戾与怨恨。

但嫉妒的人曾说："告诉我快乐可治嫉妒有什么用？在我继续嫉妒时，我便找不到快乐；而你却和我说我只能在找到快乐时方能停止嫉妒。"但实在的人生并不如是合于逻辑。单单发觉自己嫉妒的原因，在疗治嫉妒上讲是绕了远路。用"比较"的观念去思想，是一个致人死命的习惯。遇到什么愉快的事情，我们应当充分的享受，切勿停下来

① 系公元五六两世纪时三位圣者之总称，彼等一生皆站在石柱上修行，故有下列比喻。——译者注

去想：比起别人可能遇到的欢娱时我的一份就并不愉快了。嫉妒的人曾说："是的，这是阳光绚烂的日子，是春天，鸟在歌唱，花在开放，但我知道西西利岛上的春天要比眼前的美过一千倍，爱列康①丛林中的鸟要唱得曼妙得多，沙伦②的玫瑰比我园子里的更可爱。"当他转着这些念头时，阳光暗淡了，鸟语变成了毫无意义的嘲啾，鲜花也似乎不值一盼。对旁的人生乐事，他都用同样的态度对付。他会自忖道："是的，我心上的女子是可爱的，我爱她，她也爱我，但当年的示巴女王比她要艳丽多少啊！唔！要是我能有苏罗门的机缘的话③！"所有这等比较是无意义的，痴愚的；不问使我艳羡的是示巴女王抑邻居，总是一样的无聊。一个智慧之士决不因旁人有旁的东西而就对自己的所有不感兴趣。实在，嫉妒是一种恶习，一部分属于精神的，一部分属于智力的，它主要是从来不在事情本身上看事情，而在它们的关系上着眼。假定说，我赚着一笔可以满足我的需要的工资，我应该满意了，但我听见另一个我认为绝对不比我高明的人赚着两倍于我的薪金。倘我是一个有嫉妒气质的人，立刻，我本来的满足变得暗淡无光，不公平的感觉缠绕着我的心。救治这一切的病症，适当之法是培养精神纪律，即不作无益之想。归根结底，还有什么比幸福更可艳羡的呢？我若能医好嫉妒，我就获得幸福而被人艳羡。比我多挣一倍工资的人，无疑的也在为了有人比他多挣一倍薪金而苦恼，这样一直可以类推下去。你若渴望光荣，你可能嫉妒拿破仑。但拿破仑嫉妒着恺撒，恺撒嫉妒着

---

① 神话中文艺女神居住之山名。——译者注

② 美国宾夕法尼亚州之一城。——译者注

③《圣经》载，示巴女王慕苏罗门王智慧，亲率臣役来求觐见。——译者注

亚历山大，而亚历山大，我敢说，嫉妒着那从未存在的赫拉克勒斯①。因此你不能单靠成功来解决嫉妒，因为历史上神话上老是有些人物比你更成功。享受你手头的欢娱，做你应当作的工作，勿把你所幻想的——也许是完全错误地——比你更幸运的人来和自己比较：这样你才能摆脱嫉妒。

不必要的谦卑，对于嫉妒大有关系。谦卑被认为美德，但我很怀疑极度的谦卑是否配称美德。谦卑的人非常缺少胆子，往往不敢尝试他们实在胜任的事业。他们自认为被常在一处的人压倒了，所以特别倾向于嫉妒，由嫉妒而不快乐而怨恨。我却相信我们应该尽方法，把一个男孩子教养得使他自认为一个出色的家伙。我不以为任何孔雀会嫉妒别只孔雀的尾巴，因为每只孔雀都以为自己的尾巴是世界上最美的。因为这个缘故孔雀才是一种性情和平的鸟类。倘若孔雀也相信"自满"是不好的，试想它的生活将如何不快乐。它一看见旁的孔雀开屏时，将立刻自忖道："我切不可想象我的尾巴比它的美，那是骄傲的念头；可是我多希望能够如此啊！这头丑鸟居然那样的自信为华美！我要不要把它的翎毛拉下几根来呢？也许这样以后，我毋须怕相形见绌了。"或者它会安排陷阱，证明那为它嫉妒的孔雀是一只坏的孔雀，行为不检，玷辱了孔雀的品格，到领袖前面去告发它。慢慢地它得到了一项原则，说凡是尾巴特别美丽的孔雀总是坏的；孔雀国内的明哲的统治者，应当去寻出翎毛丑恶的微贱的鸟来。万一这种原则被接受了，它将把一切最美的鸟置于死地，临了，一条真正华美的尾巴只将

---

① 赫拉克勒斯（Heracles），希腊神话中最大的英雄，宙斯之子。——译者注

在模糊的记忆中存在。假借"道德"①之名的"嫉妒",其胜利的结果是如此。但每只孔雀自认为比别的更美时,就毋须这些迫害了。它们都希望自己在竞争中获得头奖,而且相信真是获得了头奖,因为每只孔雀总重视它的配偶②。

嫉妒,当然和竞争有密切的关连。凡是我们以为绝对无法到手的一宗幸运,我们决不嫉妒。在社会阶级固定的时代,在大家相信贫富的分野是上帝安排的时代,最低微的阶级绝不嫉妒上面的各阶级。乞丐不嫉妒百万富翁,虽然他们一定嫉妒比自己收获更多的别的乞丐。近代社会情势的不稳定,民主主义与社会主义的平等学说,大大地扩大了嫉妒的界限。这种结果,在眼前是一桩弊害,但是为达到一个更公平的社会制度计不得不忍受。"不平等"被合理地思索过后,立刻被认为"不公平",除非这不平等是建筑在什么卓越的功绩之上。而不平等被认为不公平后,自然而然会发生嫉妒,要救治这种嫉妒,必先消灭不公平。所以我们的时代,是嫉妒扮演着特别重要的角色的时代。穷人妒忌富人,比较贫穷的民族妒忌比较富有的民族,女人妒忌男人,贤淑的女子妒忌那些虽不贤淑但并不受罚的女子。的确,嫉妒是一股主要的原动力,导引不同的阶级、不同的民族、不同的性别,趋于公平;但同时,预期可以凭着嫉妒而获得的那种公平,可能是最糟糕的一种,即是说那种"公平",倾向于减少幸运者的欢悦,而并不倾向于增进不幸运者的欢悦。破坏私人生活的情欲,一样的破坏公共生活。我们不能

---

① 即指假借谦卑。——译者注

② 重视配偶即认为自己的雌孔雀是最美的,而自己之能获得最美的配偶,即证明它自己是最美的。——译者注

设想，像嫉妒这么有害的情欲里面，可能产生什么善的结果。因此，谁要以观念论的立场来祝祷我们社会制度发生大变化，祝祷社会公道的增进，就该希望由嫉妒以外的别的力量来促成这些变化。

一切恶事都是互相关连的，无论哪一桩都可成为另一桩的原因，特别是疲劳，常常成为嫉妒的因子。一个人觉得不胜任份内之事的时光，便一肚子的不如意，非常容易对工作较轻的人发生妒忌。因此减少疲劳也是减少妒忌之一法。但更重要的是保有本能满足的生活。似乎纯粹职业性的嫉妒，其实多数是由于性的不满足。一个在婚姻中，在孩子身上获得快慰的人，不至于怎样的妒忌旁人有更大的财产或成功，只消他充分的财力能把孩子依照他认为正当的途径教养。人类的幸福，其原素是简单的，简单的程度竟使头脑错杂的人说不出他们缺少的究竟是什么。上文提及的女人，怀着妒意去注视一切衣服丽都的女人，一定在本能生活上是不快乐的。本能的快乐，在说英语的社会内是稀有之事，尤其在妇女界。在这一点上，文明似乎入了歧途。假如要减少嫉妒，就得设法补救这种情形，倘找不到补救之法，我们的文明就有在仇恨的怒潮中覆灭的危险。从前，人们不过妒忌邻居，因为对于旁的人们很少知道。现在，靠了教育和印刷品，他们抽象地知道很多广大阶级的人类之事，实际他们连其中的一个都不曾认识。靠了电影，他们以为知道了富翁的生活，靠了报纸，他们知道很多外国的坏事，靠了宣传，他们知道一切和他们皮色不同的人都有下流行为。黄种人恨白种人，白种人恨黑种人，以此类推。你可能说，所有这些仇恨是被宣传煽动起来的，但这多少是皮相之谈，为何煽动仇恨的宣传，比鼓励友善的宣传容易成功得多？这理由，显而易见是：近代文明所造成的人类的心，根本偏向于仇恨而不偏向友善。它的偏向仇恨，是因为它不满足，因为它深切地，或竟无意识地觉得它多少失去了人生的意义，觉得也许旁的人倒保有着"自然"给人享受的美妙事物，而我们却独抱向隅。在一个现代人的生活里，欢娱的总量无疑的要比那较原始的社会里为多，但对于可能有的欢娱的意识，增加得更多。无论何时你带孩子上动物园，你可以发现猿猴只要不在翻筋斗、练武艺或咬核桃时，它的眼睛里就有一副古怪的悲哀的表情。竟可说它们是觉得应该变为人的，但不知道怎样变人。它们在进化的路上迷了路，它们的堂兄弟往前去了，它们却留在后面。同样的悲哀与愤懑似乎进入了文明人的灵魂。他知道有些比他自己更优美的东西在他手旁，却不知究竟在哪里，怎样去寻找。绝望之下，他就恼怒和他一样迷失一样不快乐的同胞。我们在进化史上到达的一个阶段，并非最后的一个。我们必须快快走过，否则，我们之中一大半要中途灭亡，而另外一些则将在怀疑与恐惧的森林中迷失。所以，嫉妒尽管害人，它的后果尽管可怕，并不完全属于魔道。它一部分是一种英雄式的痛苦的表现，人们在黑夜里盲目地摸索，也许走向一个更好的归宿，也许走向死亡与绝灭：所谓英雄式的痛苦即是指这种人的心境而言。要从这绝望中寻出康庄大道来，文明人必须扩张他的心，好似他曾经扩张他的头脑一般。他必须学会超越自我，由超越自我而自由自在，像宇宙一样的无挂无碍。

犯罪意识

关于犯罪意识，我们在第一章里已经有所阐述，但我们现在必须作更周密的探讨，因为成人生活的不快乐有许多潜在的心理原因，而犯罪意识是其中最重要的一个。

有一种传统的、宗教观的犯罪心理学，为现代的心理学家所无法接受的。据这派传统的说法，尤其是基督新教一派，认为良心会告诉每个人，什么时候他所跃跃欲试的事情是犯罪的；犯了这种行为之后，一个人可能感到两种难堪之一：一种叫作懊丧，那是没有报酬的，一种叫作痛悔，那是可以洗涤罪愆的。在新教国家内，连那些已经失掉信仰的人，仍旧多少接受着这种正统派的犯罪观。在我们的时代，一部分也靠了精神分析的力量，我们的情形恰恰相反：不但反正统的人排斥这种旧的犯罪观，连那般仍旧自命为正统派的人也是如此。良心不复成为什么神秘之物，因此也不再被认为上帝之声。我们知道良心所禁止的行为，在世界上是各处不同的，而且广义地说，它总和各部落的风俗一致。那么，当一个人受着良心戳刺的时候，究竟是什么回事呢?

良心这个名词，实在包括好几种不同的感觉，最简单的一种是害怕被人发觉。读者，我当然相信你过着一种无可责备的生活，但若你去问一个曾经做过倘被发觉就要受罚的事的人，就可发现当破案似乎不可避免的时候，这个当事人便后悔他的罪过了。我这样说是并不指职业的窃贼，他是把坐牢当作买卖上必须冒的危险的，我是指可称为"体面的"罪人，例如在紧急关头挪用公款的银行行长，或被情欲诱入什么性的邪恶的教士。当这种人不大容易被人窥破罪过时，他们是能够忘记的，但当他们被发觉了或有被发觉的危险时，他们便想当初是应该更端方更清正一些的，这个念头使他们清清楚楚地觉得他们的罪恶之大。和这种感觉密切关连的是害怕成为社会的放逐者。一个以赌博来诈欺取财的人，或赖去赌债的人，一朝被发觉时，良心上是找不出什么理由可以抵挡社会对他的憎厌的。他不像宗教革新家、无政府党、或革命党，可以不问目前的命运如何，总觉得未来是属于他们的，现在越受诅咒，将来越有光荣。这一类的人，虽然受着社会嫉视，可并不觉得自己有罪，但是承认社会的道德而再作违背道德之事的人，一失掉自己的品级①就将大为苦闷了；并且对这种灾害的恐惧，或灾害临到时的苦难，很容易使他把他的行为本身认作有罪。

但是犯罪意识以最重要的形式而论，来源还要深远得多。它生根在下意识里，不像对公众厌恶的畏惧那样浮现于意识界。在意识界内，有几种行为被标明为"罪恶"，虽在反省上并无显著的理由可寻。

① 系指社会上的。——译者注

一个人做了这一类的行为，便莫名其妙地感到不安。他但愿自己曾经和旁人一样，置身于他信为罪恶的事情之外。道德方面的钦佩，他只能给予那般他认为心地纯洁的人。他多少怀着怅惘悔恨的心思，承认圣者的角色轮不到自己；的确，他对圣贤的观念，是日常生活中几乎办不到的那一种。所以他一生离不了犯罪感觉，觉得自己不配列入上品，极度忏悔的时间才是他生命中最高洁的时间。

在所有的例子中，这种种情形的来源，是一个人六岁以前在母亲或保姆怀中所受到的道德教训。在那时以前，他已经知道：发誓是不好的，不文雅的说话是不可用的，只有坏人才喝酒，烟草也不能和最高的德性并立。他知道一个人永远不该撒谎。尤其重要的是：对性的部分发生兴趣是丑恶的行为。他知道这些是他母亲的见解，相信就是上帝的见解。受母亲或保姆亲热的对待，是他生命中最大的乐趣，而这乐趣唯有他不触犯道德律时方能获得。因此他慢慢地把母亲或保姆憎恨之事，同一些隐隐约约的可怕之事，连在一起。慢慢地，他一边长大，一边忘记了他道德律的来处，忘记了当初违反道德律时所受的惩罚究竟为何物，但他并不把道德律丢掉，且继续感到倘使触犯它，便会发生一些可怕的祸事。

这种童年的道德教训有一大部分全无合理的根据，决不能适用于普通人的普通生活。譬如，一个人用了所谓"粗野"的言语，在合理的观点上看，绝对不比一个不用这种言语的人坏。可是，实际上人人以为圣者的特色是不发誓。从理智上说，这种看法是愚蠢的。关于烟酒，亦然如是。南方各国，酒精的饮用是没有犯罪感的，而且认饮酒为犯罪的确有些亵渎神明的成分，因为大家知道我们的"主"和"使徒"喝葡萄酒的。至于烟草，比较容易从反面立论而加以排斥了，既然一切最大的圣者都生在烟草尚未出现的时代。但这儿也没有合理的论据。根据分析的结果，圣者似乎不曾做一桩单单给他快感的事：于是人们便说圣者不见得会抽烟。日常道德中的这个禁欲成分，差不多已变成了下意识，但它在各方面都发生作用，使我们的道德律变为不合理。在一种合理的伦理学中，给任何人（连自己在内）以快感，都该受到称赞，只要这快感没有附带的痛苦给自己或旁人。假如我们要排除禁欲主义，那么，理想的有德之士，一定容许对一切美妙事物的享受，只要不产生比享受分量更重的恶果。再拿撒谎来说。我不否认世界上谎言太多，也不否认增加真理可使我们善良得多，但我的确否认撒谎在任何情势之下都不足取，我这个观点，一切有理性的人都会同意。我有一次在乡间小路上，看见一头筋疲力尽的狐狸还在勉强奔跑。一忽儿后，我看见一个猎人。他问我曾否看见狐狸，我答说看见的。他问我它往哪条路跑，我便撒谎了。倘使我说了实话，我不以为我将是一个更好的人。

但早期道德教训的祸害，尤其是在性的范围内。倘若一个孩子受过严厉的父母或保姆的旧式管教，在六岁以前就构成了罪恶与性器官的联想，使他终生无法完全摆脱。加强这个感觉的，当然还有俄狄浦斯情结①，因为在童时最爱的女人，是不可能与之有性的自由的女人。结果是许多成年的男子觉得女人都因了性而失掉身份，他们只尊敬憎厌性交的妻子。但有着冷淡的妻子的丈夫，势必被本能驱使到旁的地

① 俄狄浦斯情结（Oedipus Complex），按神话载：俄狄浦斯无意中弑父娶母，近代心理学用以指儿童爱恋其母的变态心理。——译者注

方去寻找本能的满足。然而即使他暂时满足了本能，他仍不免受犯罪意识的毒害，以致同任何女子（不问在婚姻以内或以外）都不觉快乐。在女人一方面，如果人家郑重其事地把"何为纯洁"教给了她，也有同样的情形发生。跟丈夫发生性关系时，她本能地退缩，唯恐在其中获得什么快感。虽然如此，女人方面的这种情形，今日比五十年前已大为减少。我敢说，目前有教育的人群中，男人的性生活，比女人的更受犯罪意识的歪曲与毒害。

传统的性教育对于儿童的害处，现在一般人已开始普遍地感到，虽然当局方面还是漠然。正当的办法是很简单的：在一个儿童的春情发动期以前，无论何种的性道德都不要去教他或她，并须小心避免，勿把天生的肉体器官有什么可惜的观念灌输他们。等到需要给予道德教育的时候，你的教训必须保持合理化，你所能说的每一点都得有确实的根据。但我在本书内所欲讨论的并非教育。可是不智的教育往往给人犯罪的意识，所以我这里所关切的是成人怎样设法去减少这种影响的问题。

这里的问题，和我在前几章内检讨过的正复相同，即是把控制我们意识界的合理信念，强迫下意识去留神。人们不可听任自己受心境的推移，一忽儿相信这个，一忽儿相信那个。当清明的意志被疲劳、疾病、饮料或任何旁的原因削弱时，犯罪意识特别占着优势。一个人在这些时间（除了喝酒的时间以外）所感到的，常常被认为较高级的"自我"的启示。"魔鬼病时，亦可成圣。"但荒唐的是：认为疲弱的时间会比健旺的时间使你更加明察。在疲弱的时间，一个人很难抗拒幼稚的提议，但毫无理由把这等提议看作胜于成人在官能健旺时的信念。相反，一个人元气充沛时用全部的理智深思熟虑出来的信念，对于他，应当成为任何时间所应相信的标准。运用适当的技巧，很可能制服下意识的幼稚的暗示，甚至可能变换下意识的内容。无论何时，你对一桩你的理智认为并不恶的事情感到懊丧时，你就应该把懊丧的原因考察一下，使你在一切细枝末节上都确信这懊丧是荒谬的。使你意识界的信念保持活泼与力量，以便你的无意识界感受到强烈的印象，足以应付你的保姆或母亲给你的印象。切不可一忽儿合理，一忽儿不合理。密切注视无理之事，决意不尊重它，不让它控制你。当"无理"把愚妄的念头或感觉注入你的意识界时，你当立刻把它们连根拔出，审视一番，丢掉它们。勿让你做一个摇晃不定的人，一半被理智控制，一半被幼稚的痴愚控制。勿害怕冒犯那些曾统治你的童年的东西。那时，它们在你心目中是强有力的，智慧的，因为你幼稚而且痴愚；现在你既不幼稚也不痴愚了，应该去考察它们的力量与智慧，习惯使你一向尊敬着它们，如今你该考虑它们是否仍配受你尊敬。慎重地问问你自己，世界是否因了那给予青年的传统道德教训而变好了些。考虑一下，一个习俗所谓的有德之士，他的道具里有多少纯粹的迷信；再可想到，一切幻想的道德危险，固然有想入非非的愚妄的禁令为预防，但一个成人所冒的真正的道德危险，反而一字未提。普通人所情不自禁的实在有害的行为，究竟是什么？法律所不惩戒的商业上的狡黠行为，对雇员的刻薄，待妻儿的残酷，对敌手的恶毒，政治冲突上的狠心，——这些都是真正有害的罪，在可尊敬而被尊敬的公民中间屡见不鲜的。一个人以这些罪孽在四周散布灾祸，促成文明的毁灭。然而他并不因此在倒霉时自认为放逐者，并不觉得无权要求神的眷佑。他也不会因此在恶梦中看见母亲用责备的目光注视他。为何他潜意识的道德观，这样地和理性背离呢？因为他幼时的保护人所相信的伦理是愚妄的，因为那种伦理并不以个人对社会的责任做出发点；因为它是由于不合理的原始禁忌形成的，因为它内部包含着病态的原素，而这原素即是罗马帝国灭亡时为之骚乱不宁的精神病态演变出来的。我们名义上的道德，是由祭司和精神上已经奴化的女人们定下的。如今，凡要在正常生活中获取正常的一份的人，应该起来反抗这种病态的愚妄了。

但若希望这"反抗"能替个人获致幸福，使一个人始终依着一项标准而生活，不在两种标准之间游移不定，那么，他的理智告诉他的说话，他必须深切地体会到。大半人士把童年的迷信在表面上丢开以后，认为大功已经告成。他们并没觉察，这些迷信仍旧潜伏在下意识界。当我们获得一宗合理的信念时，我们必须锲而不舍，紧随着它的演化，在自己内心搜寻还有什么和新信念柄凿的信念存在；而当犯罪意识很强烈时（这是不时会遇到的），切勿把它视为一种启示，一种向上的召唤，而要看作一种病，一种弱点，除非促成犯罪感的行为确是合理的伦理观所指斥的。我并不建议一个人可以无须道德，我只说他应排除迷信的道德，这是一件全然不同的事。

但即使一个人干犯了他合理的道德律，我也不以为犯罪感是能使他生活改善的好方法。犯罪意识里面有些卑贱的成分，缺少自尊心的成分。可是丧失自尊心从不能对任何人有裨益。合理的人，对自己的要不得的行为，和对别人的同样看法，认为是某些情势的产物；避免之法，或者由于更充分的觉察这行为的要不得，或者由于在可能时避免促成这行为的情势。

以事实论，犯罪意识非但不能促成良好的生活，抑且获致相反的结果。它令人不快乐，令人自惭形秽。为了不快乐他很可能向别人去要求过分的事情，以致他在人与人的交接之间得不到快感。为了自惭形秽，他对优越的人心怀怨恨。他将发觉嫉妒很容易，佩服很困难。他将变成一般地不受欢迎的人，越来越孤独。对旁人取着豁达大度，胸襟宽广的态度，不但给人家快乐，抑且使自己快乐，因为他将受到一般的爱戴。但一个胸中盘旋着犯罪意识的人，就难能做到这个态度。它是均衡与自信的产物；它需要精神的完整，——就是说，人的天性的各组成分子，意识，潜意识，无意识，一同和谐地工作而决不永远冲突。这种和谐，在大多数的例子中可由明哲的教育造成，但遇到教育不智的时候就为难了。精神完整的形成，是心理分析家所尝试的事业，但我相信在大多数的例子中，病人可以自己做到，只在比较极端的情形中才需专家帮助。切勿说："我没有闲暇做这些心理工作；我的生活忙得不可开交，不得不让我的下意识自己去推移。"一个跟自己搞乱的、分裂的人格，最能减少幸福和效率。为了使人格各部分产生和谐而花费的光阴，是花费得有益的。我不劝一个人独坐一隅，每天作一小时反省功夫。我认为这绝不是好方法，它只能增加自我沉溺，而这又是应当治疗的病症，因为和谐的人格是应该向外发展的。我所提议的是：一个人对于他合理的信念，应立志坚决永远不让那不合理的相反的信念侵入而不加扑灭，或让它控制自己，不管控制的时间如何短暂。这种功夫，在他情不自禁地要变成幼稚的时候，不过是一个思索的问题罢了，但这思索如果做得充分有力的话，也是很快的，所以为此而消费的时间也很少。

有许多人心里对理性抱着厌恶，遇着这等人，我刚才所说的一切，势必显得离了本题而无关重要了。有一种观念，以为理性倘被放任，便将灭绝较为深刻的情绪。这个念头，我觉得是对于理性在人类生活中的作用完全误解所致。孵育感情原非理智的事情，虽然它一部分的作用，可能是设法阻止那些为害福祉的情绪。寻出减少仇恨与嫉妒的方法，无疑是理性心理学的一部分功能。但以为在减少这些情欲①的时候，同时也减少了理性并不排斥的热情的力量，却是误解。在热烈的恋爱中，在父母的温情中，在友谊里，在仁慈里，在对科学或艺术的虔诚中，丝毫没有理智想要减少的成分。当合理的人感到这些情绪中的无论何种时，定将非常高兴而决不设法去减弱它们的力量，因为所有这些情绪都是美好的人生之一部，而美好的人生便是对己对人都促进幸福的一种。在以上所述的那些情绪里，全无不合理的分子，只有不合理的人才感到最无聊的情欲。谁也无须害怕，说在使自己变得合理的时候，生活就会变得暗淡无聊。相反，唯其因为"合理"是存在于内心的和谐之上，所以到达这个境界的人，在对世界的观照上，在完成外界目标的精力运用上，比起永远被内心的争执困扰的人来，要自由得多。最无聊的莫过于幽囚在自身之内，最欢畅的莫过于对外的注意和努力。

我们的传统道德，素来太过于以自己为中心，罪恶的观念，便是这不智的"自己中心"的一部。为那些从未受伪道德的训练而养成主观心情的人，理性可以无须。但为那些得了病的人，在治疗上理性是必

① 即指仇恨与嫉妒。——译者注

不可少的。而得病也许是精神发展上一个免不了的阶段。我想，凡是借理性之力而度过了这一关的人，当比以未害病也从未受过治疗的人高出一级。我们这时代流行的对理性的憎恨，大半由于不曾把理性的作用从完全基本的方面去设想。内心分裂的人，寻找着刺激与分心之事；他的爱剧烈的情欲，并不为了健全的理由，而是因为可以暂时置身于自己之外，避免思想的痛苦。在他心中，任何热情都是麻醉，而且因为他不能设想基本的幸福，他觉得唯有借麻醉之力才能解除苦恼。然而这是一种癫疾的现象。只要没有这种病症，最大的幸福便可和最完满的官能运用同时出现。唯有头脑最活跃，毋须忘记多少事情的时候，才有最强烈的欢乐可以享受。的确，这是幸福的最好的试金石之一。需要靠无论何种的麻醉来获致的幸福是假的，不能令人满足的。我们的官能必须全部活跃，对世界必须有最完满的认识，方能有真正令人快慰的幸福。

被虐狂

极度的被虐狂，公认为疯癫的一种。有些人妄想人家要杀害他们，禁锢他们，或对他们施行什么旁的严重的迫害。想防御幻想的施虐者的念头，常使他们发为暴行，逼得人家不得不限制他们的自由。像许多别种形式的疯狂一样，这一种疯狂也不过是某种倾向的夸大，而那种倾向在正常的人也是不免的。我不预备来讨论它极端的形式，那是心理分析学家的事情。我要考虑的乃是它较为温和的表现，因为它常常是不快乐的原因，也因为它尚未发展为真正的疯癫，还可能由病人自己来解决，只消他能准确地诊断出他的病状，并且看到它的来源即在他自身而不在假想的旁人的敌意或无情。

大家都知道有一等人，不分男女，照他们自己的陈述，老是受到忘恩负义、刻薄无情的迫害。这类人物善于花言巧语，很容易使相识不久的人对他们表示热烈的同情。在他们所叙述的每桩单独的故事中，普通并无什么难以置信的地方。他们抱怨的那种迫害，毫无疑问有时是确实遭遇的。到末了引起听的人疑惑的，是受难者竟遇到这样多的坏蛋这回事。依照"大概"的原则，生在一个社会里的各式人物，一生中遇到虐害的次数大约是相仿的。假如一个人在一群人里面受到普遍的（照他自己所道）虐害，那么原因大概是在他自己身上：或者他幻想着种种实际上并未受到的侵害，或者他无意识中的所作所为，正好引起人家无可克制的恼怒。所以，对于自称为永远受着社会虐待的人，有经验的人士是表示怀疑的，他们因为缺乏同情心的缘故，很易使不幸的家伙更加证实自己受着大众的厌恶。事实上，这种烦恼是难以解决的，因为表示同情与不表示同情，都是足以引起烦恼的原因。倾向丁被虐狂的人，一朝发觉一件厄运的故事被人相信时，会把这故事渲染得千真万确；而另外一方面，倘他发觉人家不相信时，他只是多得了一个例子，来证明人家对他的狠心。这种病只能靠理解来对付，而这理解，倘使我们要完成它的作用的话，必须教给病人。在本章内，我的目标是提议几种一般的思考，使每人可借以在自己身上寻出被虐狂（那是几乎个个人多少有着的）的原素，然后加以排斥。这是获致幸福的一部分重要工作，因为倘我们觉得受着大众虐待，那是决计没有幸福可言的。

"不合理性"的最普遍的形式之一，是每个人对于恶意的饶舌所取的态度。很少人忍得住议论熟人的是非，有时连对朋友都难免，然而人们一听到有什么不利于自己的闲话时，立刻要骇愕而且愤懑了。显而易见，他们从未想到，旁人的议论自己，正如自己的议论旁人。这骇愕愤懑的态度还是温和的，倘使夸张起来，就可引上被虐狂的路。我们对自己总抱着温柔的爱和深切的敬意，我们期望人家对我们也是如此。我们从未想到，我们不能期待人家的看待我们，胜于我们的看待人家，而我们所以想不到此的缘故是，我们自身的价值是大而显明的，不像别人的价值，万一是有的话，只在极慈悲的眼光之下呈现。当你听到某人说你什么难堪的坏话时，你只记得你曾有九十九次没有说出关于他的最确当最应该的批评，却忘记了第一百次上，一不小心你说过你认为道破他的真相的话。所以你觉得：这么长久的忍耐倒受了这种回报！然而在这个观点上，他眼中的你的行为，恰和你眼中的他的行为一样：他全不知你没有开口的次数，只知你的确开口的第一百次。假令我们有一种神奇的本领，能一目了然的看到彼此的思想，那么，我想第一个后果是：所有的友谊都将解体，可是第二个后果倒是妙不可言，因为独居无友的世界是受不了的，所以我们将学会彼此相悦，而无须造出幻想来蒙蔽自己，说我们并不以为彼此都有缺点①。我们知道，我们的朋友是有缺点，但大体上仍不失为我们惬意的人。然而我们一发觉他们也以同样的态度对付我们时，就认为不堪忍受了。我们期望他们以为我们不像旁人一样，确是毫无瑕疵的。当我们不得不承认有缺点时，我们把这明显的事实②看得太严重了。谁也不该希望自己完满无缺，也不该因自己并不完满而过分地烦恼。

过于看高自己的价值，常常是受虐狂的根子。譬如说，我是一个剧作家，在公平的人眼中，我显然是当代最显赫的剧作家。可是为了某些理由，我的剧本难得上演，即使上演也不受欢迎。这种奇怪的情形怎么解释呢？明明是剧院经理、演员、批评家，为了这个或那个理

---

① 此句之意即：倘彼此的思想都能明白看到，我们就可坦然承认彼此的缺点而相交了。——译者注

② 即人皆有过之谓。——译者注

由,联合着跟我捣乱。而这个理由,当然是为我增光的：我曾拒绝向戏剧界的大人物屈膝；我不肯奉承批评家；我的剧本包含着直接痛快的真理,使得被我道破心事的人受不了。因此我的卓越的价值不能获得人家承认。

然后,还有从不能使人对他的发明的价值加以审察的发明家：制造家墨守成法,不理会任何的革新,至于少数进步分子,却有着他们自己的发明家,他们又永远提防着不让未成名的天才闯入；尤其古怪的是,专门的学会,把你手写的说明书原封不动的退回来,或竟遗失；向个人的呼叮又老是没有回音。这种种情形怎么解释呢？显然是有些人密切勾结着,想把发明上所能获得的财富由他们包办,不跟他们一伙的人是无人问津的。

然后,还有从事实上受到真正苦难的人,把自己的经验推广去,终于认为他个人的不幸就是转挽乾坤的关键。譬如说,他发觉了一些关于秘密警察的黑幕,人们一向是为了政府的利益而秘不宣泄的。他找不到一个出版家肯披露他的发现,最高尚的人物也袖手旁观,不肯来纠正他义愤填胸的坏事。至此为止,事实的确和他所说的相符。但他到处遭受的失意给了他一个那么强烈的印象,使他信为一切有权有势之辈都专心致志地从事于掩盖罪恶,因为他们的权势就建筑在这些罪恶之上。他的观察一部分是真确的,所以他的信念特别顽固,他个人接触到的事情,自然要比他没有直接经验的大多数的事情给予他更深的印象。由是,他弄错了"比例"这个观念,把也许是例外而非典型的事实过于重视。

另一种常见的被虐狂者,是某一等特殊的慈善家,永远违反着对方的意志而施惠于人，一旦发觉人家无情无义时，便骇愕而且怅然了。我们为善的动机实在难得像我们想象中的那么纯洁，爱权势的心理是施诈非凡的，有着许多假面具，我们对人行善时所感到的乐趣，往往是从爱权势来的。并且，行善中间还常有别的分子搀入。对人"为善"普通总要剥夺人家多少乐趣：或是饮酒，或是赌博，或是懒惰，不胜枚举。在这情形内，就有道德色彩特浓的成分，即我们为要保持朋友的尊敬而避免的罪过，他们倒痛痛快快地犯了，使我们不由不嫉妒。例如那般投票赞成禁吸纸烟法律（这种法律在美国好几州内曾经或仍旧存在）的人，当然是不吸烟者，旁人在烟草上感到的乐趣为他们恰是因嫉妒而痛苦。假如他们希望已经戒除纸烟的以前的瘾君子们，到代表会来感谢他们超拔，那他们准会失望。然后他们将想到自己为了公众福利而奉献了生命，而那般最应当感激他们的善举的人，竟最不知道感激。

同样的情形可以见诸于主妇于女仆的态度，因为主妇自以为应当负责监护女仆的道德。但现在仆役问题已变得那样的尖锐，以致对女仆的这种慈爱也日渐少见了。

在高级的政治上也有类似的情形。一个政治家逐渐集中所有的精神力量，以便达到一个高尚的目标，他因之而摈弃安适，进入公共生活的领域，可是无情义的群众忽然翻过脸来攻击他了，那时他当然不胜其惊愕。他从未想到他的工作除了"为公"以外还会有别的动机；从未想到控制大局的乐趣在某程度内确曾鼓励他的活动。在讲坛上和机关报上用惯的套语，慢慢在他心目中变成了真理，同一政党的人互相标榜的辞藻，也误认作动机的真正的分析了。一朝憎厌而且幻灭之后，他将摈弃社会（其实社会早已摈弃了他），并且后悔竟是做了一件像谋公众福利那样不讨好的事情。

这些譬喻牵引出四条概括的格言，如果这些格言的真理被彻底明了的话，大可阻止被虐狂的出现。第一条是：记住你的动机并不常常像你意想中的那么舍己达人。第二条是：切勿把你自己的价值估得太高。第三条是：切勿期望人家对你的注意，像你注意自己一样关切。第四条是：勿以为多数的人在密切留神你，以致有何特殊的欲望要来迫害你。我将对这些格言逐条申说几句。

博爱主义者和实行家，特别需要对自己的动机采取怀疑态度；这样的人常有一种幻象，以为世界或世界的一部是应该如何如何的；而他们觉得（有时准确地有时不准确地）在实现他们的幻象时，他们将使人类或其中的一部分得到恩惠。然而他们不曾充分明白，受到他们行为的影响的人，每个人都有同等的权利来幻想他所需要的社会。一个实际行动的人确信他的幻象是对的，任何相反的都是错的。但这种主观的真确性并不能提供证据，说他在客观上也是对的。何况他的信念往往不过是一种烟幕，隐藏在烟幕之下的，是他眼见自己力能左右大局而感到快慰。而在爱好权势之外，还加上另一项动机，就是虚荣心，那是在这等情形中大有作用的。拥护议会的高尚的理想家，——在此我是凭经验说话——听到玩世不恭的投票人，说他只是渴望在名字上面加上"国会议员"的头衔，定将大为诧怪。但当争辩过后，有余暇思索的时光，他会想到归根结底，也许那玩世派的说话是对的。理想主义使简单的动机穿上古怪的服装，因此，现实的玩世主义的多少警句，对我们的政治家说不大会错。习俗的道德所教人的一种利他主义，其程度是人类天性难于做到的，那般以德性自傲之辈，常常妄想他们达到了这个不可达到的理想。甚至最高尚的人的行为，也有绝大多数含着关切自己的动机，而这也毋须愧惜，因为倘不如是，人类这个种族早已不能存在。一个眼看人家装饱肚子而忘了喂养自己的人，定会饿死。当然，他可以单单为了使自己有充分的精力去和邪恶奋斗而饮食，但以这种动机吞下去的食物是否会消化，却是问题，因为在此情形之下所刺激起来的涎液是不够的。所以一个人为了口福而饮食，要比饮食时单想着公众福利好得多。

可以适用于饮食的道理，可以适用于一切旁的事情。无论何事，若要做得妥善，必有赖于兴致，而兴致又必有赖于关切自己的动机。从这一观点上说，凡是在敌人面前保卫妻儿的冲动，也当列入关切自己的动机之内。这种程度的利他主义，是人类正常天性之一部，但习俗道德所教训的那种程度却并不是，而且很少真正达到。所以，凡是想把自己卓越的德性来自豪的人，不得不强使自己相信，说他们已达到实际并未达到的那种程度的不自私；由是，追求圣洁的努力终于一变而为自欺自骗，更由是而走上被虐狂的路。

四格言中的第二项，说高估你自己的价值是不智的这一点，在涉及道德一方面，可以包括在我们已经说过的话内。但道德以外的价值同样不可估高。剧本始终不受欢迎的剧作家，应镇静地考虑它们是否坏剧本；他不该认定这个假定不能成立。如果他发觉这假定与事实相符，他就当像运用归纳法的哲学家一样，接受它。不错，历史上颇有怀才不遇的例子，但比起鱼目混珠的事实来不知要少几倍。假若一个人是时代不予承认的一个天才，那么，他不管人家漠视而固执他的路线是对的。另一方面，假若他是没有才具而抱着虚荣心妄自尊大的人，那么，他还是不坚持为妙。一个人如果自以为创造着不获赏识的杰作而苦恼，那是没有方法可以知道他究竟属于两者之中的哪一种。属于前者的时候，你的固执是悲壮的；属于后者的时候，你的固执便是可笑的了。你死去一百年后，可能猜出你属于哪一类。目前，要是你疑心自己是一个天才而你的朋友们认为并不的话，也有一个虽不永远可靠但极有价值的测验可以应用。这测验是：你的产生作品，是因为你感到迫切需要表白某些观念或情绪呢，抑或你受着渴望赞美的欲念鼓动？在真正的艺术家心中，渴望赞美的欲念尽管很强烈，究竟处于第二位，这是说：艺术家愿意产生某一种作品，并希望这作品受到赞美，但即使没有将来的赞美，他也不愿改变他的风格。另一方面，求名成为基本动机的人，自身之内毫无力量促使他觉得特殊的一种表现，所以他做这一桩工作正如做另一桩全然不同的工作一样。像这类的人，倘若不能凭他的艺术来博得彩声的话，还是根本罢手为妙。再从广泛的方面讲，不问你在人生中占着何种等级，若果发觉旁人估量你的能力，不像你自己估量的那般高，切勿断定错误的是他们。你如这样想，便将信为社会上有一种共同的密谋要抑压你的价值，而这个信念准可成为不快乐的生活的因子。承认你的功绩并不如你所曾希望的那般大，一时可能是很痛苦的，但这是有穷尽的痛苦，等它终了以后，快乐生活便可能了。

我们的第三条格言是切勿苛求于人。一般有病的妇女，惯于期望女儿中间至少有一个完全牺牲自己，甚至把婚姻都牺牲掉，来尽她的看护之责。这是期望人家具有违反天性的利他心了，既然利他者的损失，远较利己者的所得为大①。在你和旁人的一切交接中，特别是和最亲近的与最心爱的，极重要而不常容易办到的事，是要记住：他们看人生时所用的，是他们的角度和与他们有关的立场，而非你的角度和与你有关的立场。你对谁都不能希望他为了别人之故而破坏他生活的主要动向。有时候，可能有一种强烈的温情，使最大的牺牲也出之于自然，但当牺牲非出之于自然的辰光，就不该作此牺牲，而且谁也不该因此而受责备。人家所抱怨的别人的行为，很多只是一个人天然的自私自利，对另一人超出了界限的贪得无厌，表示健全的反应罢了。

第四条格言是，要明白别人想到你的时间，没有你想到你的时间多。被虐狂患者以为各式各种的人，日夜不息的想法来替一个可怜的狂人罗织灾难；其实他们自有他们的事情，他们的兴趣。被虐狂症较浅的人，在类似的情形中看到人家的各种行为都与自己有关，而其实并不然。这个念头，当然使他的虚荣心感到满足。倘他是一个相当伟大的人物，这也许是真的。不列颠政府的行动，许多年中都为挫败拿破仑而发。但当一个并不特别重要的人妄想人家不断地想着他的时候，定是走上了疯狂的路。譬如，你在什么公共宴会上发表了一篇演说。别的演说家中，有几人的照片在画报上披露了，而你的并不在内。这将如何解释呢？显而易见不是因为旁的演说家被认为比你重要，一定是报纸编辑的吩咐，特意不让你露面的。可是他们为何要这样吩咐呢？显而易见因为他们为了你的重要而怕你。在这种思想方式之下，你的相片的未被刊布，从藐视一变而为微妙的恭维了。但这一类的自

① 此处所言利他者指女儿，利己者指母亲。——译者注

欺，不能使你走向稳固可靠的快乐。你心底里明明知道事实完全相反，为要把这一点真理尽量瞒住你自己起计，你将不得不发明一串越来越荒唐的臆说。强使自己相信这些臆说，结果要费很大的气力。并且，因为上述的信念中间还含有另一信念，以为整个社会仇视你，所以你为保全自尊心计，不得不忍受另一种痛苦的感觉，认为你与社会不睦。建筑在自欺之上的满足，没有一种是可靠的，而真理，不管是如何的不愉快，最好还是一劳永逸地加以正视，使自己与之熟习，然后依照了真理把你的生活建造起来。

畏惧舆论

很少人能够快乐，除非他们的生活方式和世界观，大致能获得与他们在社会上有关系的人的赞同，尤其是和他们共同生活的人的赞同。近代社会有一种特色，即是它们分成许多道德观和信仰各各不同的派别。这种情形肇始于宗教改革，或者应该说源自文艺复兴，从那时以后，事态就愈趋分明。先是有旧教徒和新教徒之分，他们不但在神学上，抑且在不少比较实际的问题上歧异。再有贵族和中产阶级之别，前者可以允许的各种行为，后者是绝对不能通融的。又有自由神学派和自由思想者，不承认奉行宗教规则的义务。我们今日，在整个欧洲大陆上，社会主义者和非社会主义者之间又有极大的分野，不独限于政治，抑且涉及生活的各部门。在用英语的国土内，派别多至不可胜计。艺术被有些集团所崇拜，被另一些集团认为魔道，无论如何现代艺术总被认为邪恶。在某些集团中，尽忠于帝国是最高的德性，在别的集团中却是一桩罪行，又有些集团认为是蠢事的一种。 纽于习俗的人把奸淫看作罪大恶极，但极多人认为即使不足恭维至少也是可以原谅的。离婚在旧教徒中间是绝对禁止的，但多数非旧教徒以为那是婚姻制度必需的救济。

由于这些不同的看法，一个有某些嗜好与信念的人，处于一个集团中时可能觉得自己是一个放逐者，而在另一集团中被认为极其普通的人。多数的不快乐，尤其在青年中间，都是这样发生的。一个青年男子或女子，道听途说的撷拾了一些观念，但发觉这些观念在他或她所处的特殊环境中是被诅咒的，青年人很容易把他们所熟识的唯一的环境认作全社会的代表。他们难得相信，他们为了怕被认为邪恶而不敢承认的观点，在另一个集团或另一个地方竟是家常便饭。许多不必要的苦难，就是这样地由于对世界的孤陋寡闻而挨受的，这种受苦有时只限于青年时期，但终生忍受的也不在少。这种孤独，不但是痛苦之源，还要浪费许多精力去对敌意的环境维持精神上的独立，并且一百次有九十九次令人畏怯，不敢贯彻他们的思想以达到合理的结论。勃朗特姊妹①在印行作品之前从未遇到意气相投的人。这一点对于英雄式的、气魄雄厚的爱弥丽·勃朗特固然不生影响，但对夏洛蒂·勃朗特当然颇有关系了，她虽有才气，大部分的观点仍不脱管家妇气派。同时代的诗人布莱克②，像爱弥丽一样，也过着精神极度孤独的生活，但也像她一样，有充分的强力足以消除孤独的坏影响，因为他永远相信自己是对的，批评他的人是错的。他对公众舆论的态度，读下面几行就可知道。

---

① 十九世纪英国女作家，三姊妹皆以小说名世。——译者注

② 威廉·布莱克（William Blake，一七五七——八二七）英国诗人，水彩画家、版画家。——译者注

我认识的人中唯一不使我作呕的，
是斐赛利：他又是回教徒又是犹太人，
那么亲爱的基督徒，你们又将如何？^{①}

但在内心生活里具有这等毅力的人是不多的。友好的环境，几乎为每个人的快乐都是必需的。当然，大多人都处在同情的环境之内，他们青年时习染了流行的偏见，本能地承受了周围的信念与风俗。但另有一批少数的人物，其中包括着一切有些灵智的或艺术的价值的人，绝对不能取这种俯首帖耳的态度。假定有一个生在小乡镇里的人，从幼年起就发觉在他精神发展上必不可少的东西，全都遭受周围的白眼。假定他要念一些正经的书，别的孩子们就瞧不起他，教师们告诉他这类书是消惑人心的。假如他关心艺术，伴侣们就认为他没有丈夫气，长辈又认为他不道德。假如他渴望无论怎样体面的前程，只消在他的集团里是不经见的，人们便说他傲慢，并说对他父亲适配的事应该对他也适配。倘他对父母的宗教主张或政党派发表批评，很可能招惹严重的是非。为了这许多理由，在多数具有特殊价值的青年男女，少年时期是一个非常不快乐的时期。为一般比较平凡的伴侣，这倒是一个快活和享受的辰光；至于他们，却热望着一些更严肃的事情，可是在他们特殊的社会集团内，在前辈和平辈身上都找不到这严肃的东西。

---

① 回教徒与犹太人皆为基督徒所恶，但布莱克却认为唯有这种人不使他憎厌，足见他的蔑视公共舆论。

这等青年进入大学时，大概能发现一些气味相投的知己，享几年快乐生活。运气好的话，他们离开大学之后可以找到一项工作，使他们仍可能选择一般契合的伴侣，一个住在像伦敦、纽约那样的大都市里的聪明人，普通总可找到一个情投意合的集团，可毋需受什么约束或装什么虚伪。但若他的工作迫使他住在一个较小的地方，尤其不得不对普通人士保持尊敬的时候，例如律师和医生的职业就得如此，那么，他可能终生对大半日常遇见的人，瞒着他真正的嗜好和信念。这种情形在美国特别真切，因为幅员广大。在你最意料不到的地方，东、南、西、北，你会发现一些孤寂的人，从书本上得知在有些地方他们可能不孤独，但是没有机会住到那边去，即是知心的谈话也是绝无仅有。在这等情势之下，凡是性格不像布莱克那么坚强的人，就不能享有真正的幸福。假使要真正的幸福成为可能，那必须找到一些方法来减轻公众舆论的专横或逃避它，而且借助了这方法，使聪明的少数分子能彼此认识而享受到互相交往之乐。

在好多情形中，不必要的胆怯使烦恼变得不必要的严重。公众舆论对那些显然惧怕它的人，总比对满不在乎的人更加横暴。狗对怕它的人，总比对不理不睬的人叫得更响，更想去咬他；人群也有同样的特点。要是你表示害怕，保准你给他们穷追，要是你若无其事，他们便将怀疑他们的力量而不来和你纠缠了。当然，我并不鼓吹极端的挑衅。倘你在肯新吞①主张在俄罗斯流行的见解，或在俄罗斯揭櫫在肯新吞很平常的观点，你一定要受到后果。我所说的并非这样的极端，而是

① 系伦敦市区之一。——译者注

温和得多的背叛习俗的行为，例如衣冠不整，或是不隶属于某些教堂，或是不肯读优秀的书等等。这一类的背叛，要是出之于不拘小节与和悦的态度，出之于自然而非挑衅的气概，那么即使最拘泥的社会也会容忍。久而久之你可取得大众承认的狂士地位，在别人身上不可原恕的事情，在你倒可毫容禁忌。这大部分是性情温良与态度友好的问题。守旧的人所以要愤愤然的攻击背弃成法，大半因为他们认这种背弃无异是对他们的非议。假如一个人有充分的和悦与善意，令最愚蠢的人都明白他的行为全无指责他们的意思，那么很多违反习俗之事可以得到原谅。

然而这种逃避物议的方法，为那般以趣味或意见之故而绝对不能获得周围同情的人，是没有用处的。周围的缺少同情，使他们忐忑不安，常常取着好斗的态度，即使他们表面上证明，或设法避免任何尖锐的争执，也是徒然。因此，凡与自己集团中的习俗不和谐的人，常倾向于锋芒外露，心神不安，缺少胸怀开朗的好心情。这些人一旦走到另一个集团，走到他们的观点并不被认为奇怪的派别中去时，他们的性格似乎完全改变了。他们能从严肃、羞怯、缄默，一变而为轻快和富有自信；能从顽强一变而为和顺易与，能从自我中心一变而为人尽可亲。

所以凡是与环境不融洽的青年，在就业的时候，当尽量选取一桩能有气味相投的伴侣可以遇到的事业，即使要因之而减少收入也在所不顾。往往他们不知道这是可能的，因为他们对社会的认识有限，很容易把他们在家里看惯的偏见，误认为普天下皆是。在这一点上，老一辈的人应该能予青年人很多助力，既然最重要的是对人类具有丰富的经验。

当此精神分析盛行的时代，极普通的办法是，认定一个青年和环境翻龃时，原因必在于什么心理上的骚乱。在我看来，这完全是一桩错误。譬如，假定一个青年的父母相信进化论是邪说。在这个情形之下，使他失去父母同情的，唯有"聪明"二字。与环境失和，当然是一桩不幸，但并非一定应该不惜任何代价去避免的不幸。遇到周遭的人愚蠢，或有偏见，或是残忍的时候，同他们失和倒是德性的一种标记。而上述的许多缺点，在某种程度内几乎在所有的环境中都存在。伽利略①与开普勒②有过像日本所称的"危险思想"，我们今日最聪明的人也大半如是。我们决不该祝望，社会意识发展的程度，能使这样的人物惧怕自己的见解所能引起的社会仇视。所当祝望的，是寻出方法来把这仇视的作用尽量减轻和消灭。

在现代社会里，这个问题极大部分发生于青年界。倘然一个人一朝选择了适当的事业，进入了适当的环境，他大概总能免受社会的迫害了，但当他还年轻而他的价值未经试炼时，很可能被无知的人摆布，他们自认为对于一无所知的事情有资格批判，若使一个年纪轻轻的人胆敢说比有着多少人情世故的他们更懂得一件事情的话，他们便觉得受了侮辱。许多从无知的专制之下终于逃出来的人，会经历那么艰苦的斗争，挨过那么长时期的压迫，以致临了变得满腔悲苦，精力衰敝。有一种安慰人心的说法，说天才终归会打出他自己的路，许多人根据了这个原则便认为对青年英才的迫害，并不能产生多少弊害。但我们毫无应该接受这原则的论据。那种说数很像说凶手终必落网的理论。

① 十六七世纪意大利天文家。

② 十七世纪德国天文家。

显然，我们所知道的凶手都是被捕的，但谁能说我们从未知道的凶手究竟有多少？同样，我们听到过的天才，固全都战胜了敌对的环境，但毫无理由说：并没无数的天才在青年时被摧残掉。何况这不但是天才问题，亦且是优秀分子的问题，这种才具对于社会也是同样重要啊。并且这也不但是好歹从舆论的专制之下挣扎出来就算的问题，亦且是挣扎出来时心中不悲苦，精力不衰竭的问题。为了这些理由，青春时期的生活不可过于艰苦。

老年人用尊重的态度对付青年人的愿望，固然是可取的，但青年人用尊重的态度对付老年人的愿望却并不可取。理由很简单，就是在上述两种情形内，应该顾到的是青年人的生活，而非老年人的生活。但当青年人企图去安排老年人的生活时，例如反对一个寡居的尊亲再度婚嫁等，那么，其荒谬正和老年人的企图安排青年人的生活一样。人不问老少，一到了自由行动的年纪，自有选择之权，必要时甚至有犯错误的权利。青年若是在任何重大的事情上屈服于老年人的压迫，便是冒失。譬如你是一个青年人，意欲从事舞台生活，你的父母表示反对，或者说舞台生活不道德，或者说它的社会地位低微。他们可能给你受各式各种的压力，可能说倘你不服从就要把你驱逐，可能说你几年之后定要后悔，也可能举出一连串可怕的例子，叙述一般青年莽莽撞撞地做了你现在想做的事，最后落得一个不堪的下场。他们的认为舞台生活与你不配，或许是对的；或者你没有演剧的才能，或者你的声音不美。然而倘是这种情形，你不久会在从事戏剧的人那边发现的，那时你还有充分的时间改行。父母的论据，不该成为使你放弃企图的充分的理由。倘你不顾他们的反对，竟自实现了你的愿望，那么他们不久也会转圈，而且转圈之快，远出于你的和他们的意料之外。但若在另一方面，有专家的意见劝阻你时，事情便不同了，因为初学的人永远应当尊重专家的意见。

我认为，以一般而论，除了专家的意见之外，大家对别人的意见总是过于重视，大事如此，小事也如此。在原则上，一个人的尊重公共舆论，只应以避免饥饿与入狱为限，逾越了这个界限，便是自愿对不必要的专制屈服，同时可能在各方面扰乱你的幸福。譬如，拿花钱的问题来说。很多人的花钱方式，和他们天生的趣味完全背驰，其原因是单单为了他们觉得邻居的敬意，完全靠着他们有一辆华丽的车子和他们的能够供张盛宴。事实是，凡是力能置备一辆车子，但为了趣味之故而宁愿旅行或藏书的人，结果一定比着附和旁人的行为更能受人尊敬。这里当然谈不到有意的轻视舆论；但仍旧是处于舆论的控制之下，虽然方式恰恰是颠倒。① 但真正的漠视舆论是一种力量，同时又是幸福之源。并且一个社会而充满着不向习俗低首的男女，定比大家行事千篇一律的社会有意思得多。在每个人的性格个别发展的地方，就有不同的典型保存着，和生人相遇也值得了，因为他们决不是我们已经遇见的人的复制品。这便是当年贵族阶级的优点之一，因为境遇随着出身而变易，所以行动也不致单调划一。在现代社会里，我们正在丧失这种社会自由的源泉，所以应当充分明白单纯划一的危险性。我不说人应当有意行动怪僻，那是和拘泥守旧同样无聊。我只说人应当自然，应当在不是根本反社会的范围之内，遵从天生的趣味。

---

① 一种是怕舆论，另一种是迎合舆论。其为舆论所役则一。——译者注

由于交通的迅速，现代社会的人不像从前那样，必须依赖在地理上最接近的邻居了。有车辆的人，可把住在二十里以内的任何人当作邻居。因此他们比从前有更大的自由选择伴侣。在无论哪一个人烟稠密的邻境，一个人倘不能在二十里之内觅得相契的心灵，定是非常不幸的了。在人口繁盛的大中心，说一个人必须认识近邻这个观念早已消灭，但在小城和乡村内依旧存在。这已经成为一个愚蠢的念头，既然我们已无须依赖最近的邻居做伴。慢慢地，选择伴侣可能以气质相投为主而不以地域接近为准。幸福是由趣味相仿、意见相同的人的结合而增进的。社交可能希望慢慢往这条路上发展，由是也可能希望现在多少不随流俗的人的孤独逐渐减少，以至于无。毫无疑问，这可以增进他们的快乐，但当然要减少迂腐守旧的人的快乐——目前他们确是以磨折反抗习俗的人为乐的。然而我并不以为这一种的乐趣需要加以保存。

畏惧舆论，如一切的畏惧一样，是难堪的，阻碍发育的。只要这种畏惧相当强烈，就不能有何伟大的成就，也不能获得真正的幸福所必需的精神自由，因为幸福的要素是，我们的生活方式必渊源于我们自己的深邃的冲动，而非渊源于做我们邻居或亲戚的偶然的嗜好与欲念。对近邻的害怕，今日当然已比往昔为少，但又有了一种新的害怕，怕报纸说话。这正如中古时代的妖巫一样的骇人。当报纸把一个也许完全无害的人选做一匹代罪的羔羊时，其结果将非常可怕。幸而迄今为止，对这种命运，多数的人还能因默默无闻之故而幸免；但报纸的方法日趋完备，这新式的社会虐害的危险，也有与日俱增之势。这是一件太严重的事情，受害的个人决不能以藐视了之，而且不问你对言论自由这大原则如何想法，我认为自由的界限，应当比现有的毁谤法律加以更明确的规定，凡使无辜的人难堪的行为，一律应予严禁，连人们实际上所作所为之事，也不许用恶意的口吻去发表而使当事人受到大众的轻视。然而，这个流弊的唯一最后的救济，还在于群众的多多宽容。增进宽容之法，莫如使真正幸福的人增多，因为唯有这等人才不会以苦难加诸同胞为乐。

幸福的原因

快乐还可能么？

至此为止，我们一直研究着不快乐的人，如今我们可有较为愉快的工作，来研究快乐的人了。某些朋友的谈话和著作，几乎老是使我认为在现代社会里，快乐是一件不可能的事。然而我发觉由于反省，国外旅行，和我的园丁的谈话，上述的观点正在慢慢趋于消灭。我的文艺界朋友的忧郁，在前面已经讨论过；在这一章里，我愿把我一生中遇到的快活人作一番考察。

快乐虽有许多等级，大体上可以分成两类；那可以说是自然的快乐和幻想的快乐，或者说是禽兽的快乐和精神的快乐，或者说是心的快乐和头脑的快乐。在这些名称中拣哪一对，当然是看你所要证明的题目而定。目前我并不要证明什么题目，不过想加以描写罢了。要描写这两种快乐之间的不同点，最简单的方法大概是说：一种是人人都可达到的，另一种是只有能读能写的人方能达到。当我幼年的辰光，我认识一个以掘井为业的极其快乐的人。他生得高大逾恒，孔武有力，但是目不识丁，当一八八五年他拿到一张国会选举票时，才初次知道有这样的制度存在。他的幸福并不有赖于智力方面的来源，也不依靠信仰自然律令，或信仰物种进化论，或公物公有论，或耶稣再生论，或是智识分子认为享受人生所必需的任何信念。他的快乐是由于强健的体力，充分的工作，以及克服在穿石凿井方面的并非不可克服的困难。我的园丁的快乐也属于这一类：他永久从事于扑灭兔子的战争，提起它们时的口吻，活像苏格兰警场中人的提起布尔什维克，他认为它们恶毒、奸刁、凶残，只能用和它们同样的诡谲去对付。好似华哈拉的英雄们①每天都猎得一匹野熊一般，我的园丁每天都得杀死几个敌人，不过古英雄夜里杀的熊明天早上会复活，而园丁却毋需害怕敌人下一天会失踪。虽然年纪已过七十，他整天工作着，来回骑着自行车走六十里山路；但他欢乐的泉源简直汲取不尽，而供给这欢乐之源的就是"它们这些兔子"。

但你将说，这些简单的乐趣，对于像我们这样高等的人是无缘的。向如兔子般微小的动物宣战，能有什么快乐可言？这个论据，在我看来是很可怜的。一匹兔子比一颗黄热病的微菌大得多了，然而一个高等的人照样可在和微菌的战争里觅得快乐。和我园丁的乐趣完全相同的乐趣，以情绪的内容来讲，连受最高教育的人都能领受。教育所造成的差异，只在于获取乐趣时的活动差异。因完成一件事情而产生的乐趣，必须有种种的困难，在事前似乎绝无解决之望，而结果总是完成。也许就为这个缘故，不高估自己的力量是一种幸福之源。一个估低自己的人，永远因成功而出惊；至于一个估高自己的人，却老是因失

① 华哈拉为斯堪的那维亚神话中英雄所居地。——译者注

败而出惊。前一种的出惊是愉快的，后一种是不愉快的。所以过度自大是不智的，虽然也不可过度自卑以致减少进取心。

社会上教育最高的部分内，目前最快乐的是从事科学的人。他们之中最优秀的分子，多数是情绪简单的，他们在工作方面获得那么深邃的满足，以致能够在饮食与婚姻上寻出乐趣来。艺术家与文人认为他们在结婚生活中不幸福是当然的，但科学家常常能接受旧式的家庭之乐。原因是，他们的智慧的较高部分，完全沉溺在工作里面，更无余暇去闯入它们无事可为的领域。他们在工作内能够快乐，因为在近代社会里科学是日新月异的、有权力的，因为它的重要性无论内外行都深信不疑的。因此他们无需错杂的情绪，既然较简单的情绪也不会遇到障碍。情绪方面的症结好比河中的泡沫。必须有了阻碍，破坏了平滑的水流才会发生。但只消生命力不受阻滞，就不会在表面上起皱纹，而生命的强力在一般粗心大意的人也不觉明显。

幸福的一切条件，在科学家的生活中全都实现了。他的活动使他所有的能力充分应用出来，他成就的结果，不但于他自己显得重要，即是完全茫然的大众也觉得重要无比。在这一点上，他比艺术家幸运多了。群众不能了解一幅画或一首诗的时候，就会断定那是一幅坏画或一首坏诗。群众不能了解相对论的时候，却断定（很准确地）自己的教育不够。所以爱因斯坦受到光荣，而最出色的画家却在顶楼上挨饿，所以爱因斯坦快乐而画家们不快乐。在只靠自己主张来对抗群众的怀疑态度的生活里，很少人能真正快乐，除非他们能躲在一个小集团里忘掉冷酷的外界。科学家可毋需小组织，因为他除了同事以外受到各个人的重视。相反，艺术家所处的地位是很苦恼的，或是被人轻鄙，或是成为可鄙：他必须在此两者之间选择其一。假如他的力量是属于第一流的，若是施展出来，就得被人鄙视；若是不施展出来，就得成为可鄙的人物。但这并非永远如此到处如此。有些时代，即使一般最卓越的艺术家，即使他们还年轻，便已受到尊重。于勒二世①虽然可能虐待米开朗琪罗，却从不以为他不能作画。现代的百万富翁，虽然可能对才力已衰的老艺术家大量资助，可从不会把他的工作看作和自己的一般重要。也许就是这些情形使艺术家通常不及科学家幸福。

我以为，西方各国最聪明的青年人在这一方面的不快乐，是由于他们最好的才具找不到适当的运用。但在东方各国，情形就不然了。聪明的青年，如今在俄国大概比在世界上任何旁的地方都要快活些。他们在那边有一个新世界要创造，有一股为创造新世界所必需的热烈的信仰。老的人物被处决了，饿死了，放逐了，或者用什么旁的方法消毒过了，使他们不能像在西方国家那样，再去强迫青年在做坏事和一事不做之间拣一条路走。在头脑错杂的西方人眼中，俄国青年的信仰可能显得不成熟，但这究竟有什么害处呢？他正创造着一个新世界；而新世界是一定投合他的嗜好的，一朝造成之后，几乎一定能使普通的俄国人比革命以前更幸福。那或者不是头脑错杂的西方智识分子能够幸福的世界，但他们用不到在那里过活啊。所以不论用何种实际主义的测验，青年俄罗斯的信仰总是显得正当的，至于用不成熟这名词来贬斥它，却只在理论上成立。

在印度、中国、日本，外部的政治情势常常牵涉着年轻的独立思想

① 系十六世纪时教皇。——译者注

家的幸福，但是没有像西方那样的内部的阻碍。只要在青年眼中显得重要的活动成功，青年就觉得快乐。他们觉得自己在民族生活里有一个重要的角色得扮演，于是竭力追求着这个虽然艰难但仍可能实现的目标。在西方受有最高教育的男女之间，玩世主义是极其流行的，而这玩世主义是"安乐"与"无能"混合起来的产物。"无能"令人感到世界上事事不足为，这个感觉当然是痛苦的，但因为有"安乐"在旁边，所以这痛苦并不尖锐到难以忍受的地步。在整个东方，大学生可以希望对公共舆论发生相当的影响，这是在现代的西方办不到的，但他在物质收入方面就远不及在西方那么有把握了。既不无能，又不安乐，他便变成一个改造家或革命党，但决不是玩世者。改造家或革命党快乐，是建筑在公共事业的进展上面的，但即使他在被人处决的时候，也许他还要比安乐的玩世主义者享受到更真实的快乐。我记得有一个中国青年来参观我的学校，想回去在中国一个反动的地区设立一个同样的学校。当时他就预备好办学的结果是给人砍掉脑袋。然而他那种恬适的快乐使我只有羡慕的份儿。

虽然如此，我不愿意说这些高傲的快乐是唯一可能的快乐。它们实际上只有少数人士可以几及，因为那是需要比较少有的才能和广博的趣味的。但在工作里面得到乐趣，并不限于出众的科学家，而宣扬某种主张的乐趣也不限于领袖的政治家。工作之乐，随便哪个能发展一些特殊巧技的人都能享受，只消他无须世间的赞美而能在运用巧技本身上获得满足。我认得一个从少年时代起就双腿残废的人，享着高寿，终身保持着清明恬适的快乐；他的达到这个境界，是靠着写一部关于玫瑰害虫的五大册的巨著，在这个问题上我一向知道他是最高的权威。我从来不认识多少贝壳学家，但从和他们有来往的人那边得知，贝壳研究的确使他们快慰。我曾记得一个世界上最优秀的作曲家，为一切追求新艺术的人所发现的，他的欢悦，并不因为人家敬重他的缘故，而是因为修积这项艺术就是一种乐趣，有如出众的舞蹈家在舞蹈本身上感到乐趣一样。我也认得一批作曲家，或是擅长数学，或是专攻景教古籍，或是楔形文字，或是任何不相干而艰深的东西。我不曾发觉这些人的私生活是否快乐，但在工作时间内，他们建设的本能确是完全满足了。

大家往往说，在此机械时代，匠人在精巧工作内所能感到的乐趣已远不如前。我绝对不敢断言这种说法是对的：固然，现在手段精巧的工人所做的东西，和中古时代匠人所做的完全两样，但他在机械经济上所占的地位依旧很重要。有做科学仪器和精细机械的工人，有绘图员，有飞机技师，有驾驶员，还有无数旁的行业可以无限制地发展巧艺。在比较原始的社会里，一般农业劳动者和乡下人，在我所能观察到的范围以内，不像一个驾驶员或引擎管理员一样的快活。固然，一个自耕农的劳作是颇有变化的：他犁田，播种，收割。但他受着物质原素的支配，很明白自己的附庸地位，不比那在现代机械上工作的人感到自己是有威力的，意识到人是自然力的主宰而非奴仆。当然，对于大多数的机械管理员，反复不已地做着一些机械的动作而极少变化，确是非常乏味的事，但工作愈乏味，便愈可能用一座机器去做。机械生产的最终鹄的，——那我们今日的确还差得远——原是要建立一种体制，使一切乏味之事都归机械担任，人只管那些需要变化和发动的工作。在这样一个世界里，工作的无聊与闷人，将要比人类从事农耕以来的任何时代都大为减少。人类在采用农业的时候，就决意接受单调与烦闷的生活，以减少饥饿的危险。当人类狩猎为生时，工作是一件乐事，现代富人们的依旧干着祖先的这种营生以为娱乐，便是明证。但自从农耕生活开始之后，人类就进入长期的鄙陋、忧患、愚妄之境，直到机械兴起方始获得解救。提倡人和土地的接触，提倡哈代小说中明哲的农人们的成熟的智慧，对一般感伤论者固然很合脾胃，但乡村里每个青年的欲望，总是在城里找一桩工作，使他从风雪与严冬的孤寂之下逃出来，跑到工厂和电影院的抚慰心灵而富有人间气息的氛围中去。伙伴与合作，是平常人的快乐的要素，而这两样，在工业社会里所能获得的要比农业社会里的完满得多。

对于某件事情的信仰，是大多数人的快乐之源。我不只想到在被压迫国家内的革命党、社会主义者和民族主义者，我也想到许多较为微末的信仰。凡相信"英国人就是当年失踪的十部落"的人，几乎永远是快乐的，至于相信"英国人只是哀弗拉依和玛拿撒的部落"①的人，他们的幸福也是一样的无穷无极。我并不提议读者去接受这种信仰，因为我不能替建筑在错误的信仰之上的任何种快乐作辩护。由于同样的理由，我不能劝读者相信人应当单靠自己的癖好而生活，虽然以我观察所及，这个信念倒总能予人完满的快乐。但我们不难找到一些毫不荒诞之事，只要对这种事情真正感到兴趣，一个人在闲暇时就心有所归，不再觉得生活空虚了。

和尽瘁于某些暗晦的问题相差无几的，是沉溺在一件嗜好里面。

① 以上所云皆出《圣经》典故。——译者注

当代最卓越的数学家之一，便是把他的时间平均分配在数学和集邮两件事情上面的。我猜想当他在数学方面没有进展的时候，集邮一定给他不少安慰。集邮所能治疗的悲哀，并不限于数学方面证题的困难；可以搜集的东西也不限于邮票。试想，中国古瓷、鼻烟壶，罗马古钱、箭镞、古石器等等所展开的境界，何等地使你悠然神往。固然，我们之中有许多人是太"高级"了，不能接受这些简单的乐趣；虽然我们幼年时都曾经历过来，但为了某些理由，以为它们对成人是不值一文的了。这完全是一种误解，凡是无害于他人的乐趣，一律都该加以重视。以我个人来说，我是搜集河流的：我的乐趣是在于顺伏尔加而下，逆扬子江而上，深以未见南美的亚马孙和俄利诺科为憾。这种情绪虽如此单纯，我却并不引以为羞。再不然，你可考察一下棒球迷的那种兴奋的欢乐：他迫切地留心着报纸，从无线电中领受到最尖锐的刺激。我记得和美国领袖文人之一初次相遇的情形，从他的画里我猜想他是一个非常忧郁的人。但恰巧当时收音机中传出棒球比赛的最关紧要的结果，于是他忘记了我，忘记了文学，忘记了此世的一切忧患，听到他心爱的一队获得胜利时不禁欢呼起来。从此以后，我读到他的著作时，不再因想到个人的不幸而觉得沮丧了。

虽然如此，在多数，也许大多数的情形中，癖好不是基本幸福之源，只是对现实的一种逃避，把不堪正视的什么痛苦暂时忘记一下。基本的幸福，其最重要的立足点是对人对物的友善的关切。

对人的友善的关切，是爱的一种，但并非想紧抓、想占有、老是渴望对方回报的那一种。这一种常常是不快乐的因子。促进快乐的那种关切，是喜欢观察他人，在他人的个性中感到乐趣，愿意使与自己有接触的人得有机会感到兴趣与愉快，而不想去支配他们或要求他们热烈崇拜自己。凡真用这等态度去对待旁人的人，定能产生快乐，领受到对方的友爱。他和旁人的交际，不问是泛泛的或严肃的，将使他的兴趣和感情同时满足；他不致尝到忘恩负义的辛酸味，因为一则他不大会遇到，二则遇到时他也不以为意。某些古怪的特性，使旁人烦躁不耐，但他处之泰然，只觉得好玩。在别人经过长期的奋斗而终于发觉不可达到的境界，他却毫不费力地达到了。因为本身快乐，他将成为一个愉快的伴侣，而这愈益加增了他的快乐。但这一切必须出之于自然，决不可因责任的意识心中存在着自我牺牲的观念，再把这个观念作为关切旁人的出发点。责任意识在工作上是有益的，但在人与人的关系上是有害的。人愿意被爱，却不愿被人家用着隐忍和耐性勉强敷衍。个人的幸福之源固然不少，但其中最主要的一个恐怕就是：自动地而且毫不费力地爱许多人。

我在上一节里也曾提到对物的友善的关切。这句话可能显得勉强；你可以说对物的友善的关切是不可能的。然而，一个地质学家之于岩石，一个考古学家之于古迹，那种关切里面就有友善的成分。我们应当用以对付个人或社会的，也许就是这种关切。对物的关切，可能是恶意的而非善意的。一个人可能搜集有关蜘蛛产生地的材料，因为他恨蜘蛛而想住到一个蜘蛛较少的地方去。这种兴趣，决不会给你像地质学家在岩石上所得到的那种满足。对于外物的关切，在每个人的快乐上讲，虽或不及对同胞的关切那么可贵，究竟是很重要的。世界广大，人力有限。假定我们全部的幸福完全限制在我们个人的环境之内，那么，我们就很难避免向人生过事诛求的毛病。而过事诛求的结果，一定使你连应得的一份都落空。一个人能凭借一些真正的兴趣，例如德朗会议①或星辰史等，而忘记他的烦恼的话，当他从无人格的世界上旅行回来时，定将发觉自己觉得了均衡与宁静，使他能用最高明的手段去对付他的烦恼，而同时也尝到了真正的、即使是暂时的幸福。

幸福的秘诀是：让你的兴趣尽量地扩大，让你对人对物的反应，尽量地倾向于友善。

这是对于幸福的可能性的初步考察，在以后各章中，我将把这考察加以扩充，同时提出一些方案，来避免忧患的心理方面的原因。

---

① 系十六世纪时旧教会议。——译者注

兴　致

在这一章里，我预备讨论我认为快乐人的最普通最显著的标记——兴致。

要懂得何谓兴致，最好是把人们入席用餐时的各种态度考察一下。有些人把吃饭当作一件厌事；不问食物如何精美，他们总丝毫不感兴味。从前他们就有过丰盛的饭食，或者几乎每顿都如此精美。他们从未领略过没有饭吃而饿火中烧的滋味，却把吃饭看作纯粹的刻板文章，是为社会习俗所规定的。如一切旁的事情一样，吃饭是无聊的，但用不到因此而大惊小怪，因为比起旁的事情来，吃饭的纳闷是最轻的。然后，有些病人抱着责任的观念而进食，因为医生告诉他们，为保持体力起计必须吸收一些营养。然后，有些享乐主义者，高高兴兴地开始，却发觉没有一件东西烹调得够精美。然后又有些老饕，贪得无厌地扑向食物，吃得太多，以致变得充血而大打其鼾。最后，有些胃口正常的人，对于他们的食物很是满意，吃到足够时便停下。凡是坐在人生的筵席之前的人，对人生供应的美好之物所取的各种态度，就像坐在饭桌前对食物所取的态度。快乐的人相当于前面所讲的最后一种食客。兴致之于人生正如饥饿之于食物。觉得食物可厌的人，无异受浪漫底克忧郁侵蚀的人。怀着责任心进食的人不啻禁欲主义者，饕餮之徒无殊纵欲主义者。享乐主义者却活像一个吹毛求疵的人，把人生半数的乐事都斥为不够精美。奇怪的是，所有这些典型的人物，除了老饕以外，都瞧不起一个胃口正常的人而自认为比他高一级。在他们心目中，因为饥饿而有口腹之欲是鄙俗的，因人生有赏心悦目的景致，出乎意料的阅历而享受人生，也是不登大雅的。他们在幻灭的高峰上，瞧不起那些他们视为愚蠢的灵魂。以我个人来说，我对这种观点完全不表同情。一切的心灰意懒，我都认为一种病，固然为有些情势所逼而无可避免，但只要它一出现，就该设法治疗而不当视为一种高级的智慧。假定一个人喜欢杨梅而一个人不喜欢，后者又在哪一点上优于前者呢？没有抽象的和客观的证据可以说杨梅好或不好。在喜欢的人，杨梅是好的；在不喜欢的人，杨梅是不好的。但爱杨梅的人享有旁人所没有的一种乐趣；在这一点上他的生活更有趣味，对于世界也更适应。在这个琐屑的例子上适用的原则，同样可适用于更重大的事。以观看足球赛为乐的人，在这个限度以内要比无此兴趣的人为优胜。以读书为乐的人要比不以此为乐的人更加优胜得多，因为读书的机会较多于观足球赛的机会。一个人感有兴趣的事情越多，快乐的机会也越多，而受命运播弄的可能性也越少，因若他失掉一样，还可亡羊补牢，转到另一样上去。固然，生命太短促，不能对事事都感兴趣，但感兴趣的事情总是多多益善，以便填补我们的日子。我们全都有内省病的倾向，尽管世界上万千色相罗列眼底，总是掉首不顾而注视着内心的空虚。但切勿以为在内省病者的忧郁里面有何伟大之处。

从前有两架制肠机，构造很精巧，用来把猪肉制成最精美的香肠的。其中的一架保持着对猪肉的兴致，制造着无数的香肠；另一架却说："猪肉于我何用哉？我自身的工作要比任何猪肉都更奇妙都更有味。"于是它丢开猪肉，专事研究自己的内部。当它摈弃了天然的食粮之后，它的内部就停止工作，而它越研究内部越发觉它的空虚与愚妄。一向把猪肉制成香肠的机械依旧存在，但它彷徨无措，不知这副机械能做些什么。这第二架制肠机就像失去兴致的人，至于第一架则像保留着兴致的人。头脑是一架奇特的机器，能把手头的材料用最惊人的方式配合起来，但没有了外界的素材就一无能力，且不像制肠机那样拿它现成的材料就行，因为外界事故只有在我们对之感到兴味时才能化作经验：倘事故不能引起我们趣味，就对我们毫无用处。所以一个注意力向内的人发觉没有一件事情值得一顾，而一个注意力向外的人，偶然反省自己的心灵时，会发觉种种繁复而有意思的分子都被剖解了，重新配成美妙的或有启迪性的花样。

兴致的形式，多至不可胜计。我们记得，福尔摩斯①在路上拾得一顶帽子。审视了一会之后，他推定这帽子的主人是因酗酒而堕落的，并且失掉了妻子的爱情。对偶然的事故感到如此强烈的兴味的人，决不会觉得人生烦闷。试想在乡村走道上所能见到的各种景色罢。一个人能对禽鸟发生兴味，另一个可能对草木发生兴味，再有人关心地质，还有人注意农事，诸如此类，不胜枚举。这些东西里面随便哪样都

---

① 即指陶里爵士所著福尔摩斯侦探小说中之主角。——译者注

是有味的，只要它使你感到兴味，而且因为其余的东西都显得不分轩轾了，所以一个对其中之一感到兴味的人要比不感到兴味的人更适应世界。

再有，各种不同的人对待同族同类的态度又是怎样的歧异。一个人，在长途的火车旅行中完全不会注意同路的旅客，而另一个却把他们归纳起来，分析他们的个性，巧妙地猜测他们的境况，甚至会把其中某几个人的最秘密的故事探听出来。人们对旁人的感觉各不同，正如对旁人的猜测各不同一样。有的人觉得几乎个个人可厌，有的人却对遇到的人很快很容易地养成友好之感，除非有何确切的理由使他们不如是感觉。再拿像旅行这样的事来说：有些人可能游历许多国家，老是住在最好的旅馆里，用着和在家完全相同的饭餐，遇到和本地所能遇到的相同的有闲的富人，谈着和在家里饭桌上相同的题目。当他们回家时，因为花了大钱的旅行终于无聊地挨受完结，而感到如释重负一般的快慰。另外一些人，却无论走到哪里都看到特别的事物，结识当地的典型人物，观察着一切有关历史或社会的有味的事，吃着当地的饭食，学习当地的习惯和语言，满载着愉快的思想回家过冬。

在所有这些不同的情景内，对人生有兴致的人总比没有兴致的人占便宜。对于他，连不愉快的经验都有用处。我很高兴曾经闻到中国平民社会和西西里乡村的气味，虽然我不能说当时真感有什么乐趣。冒险的人对于沉船、残疾、地震、火灾，以及各式各种不愉快的经历都感到兴味，只要不致损害他的健康。譬如，他们在地震时会自忖道："哦，地震原来是这么一回事。"并且因为这件新事增进了他们的处世经验而快乐。要说这样的人不受运命支配，自然是不确的，因若他们失掉了健康，他们的兴致很可能同时化为乌有，——但也并不一定如此。我曾认识一般在长期受罪之后死去的人，他们的兴致几乎保持到最后一刻。有几种的不健康破坏兴致。有几种却并不。我不知生物化学家能否分别这些种类。也许当生物化学更进步时，我们可以服用什么药片来保持我们对一切事物的兴趣；但在这样的一天尚未来到时，我们只能凭借对人生的合乎常理的观察，来判断究竟是什么原因使某些人事事有味而某些人事事无味。

兴致有时是一般的，有时是专门化的。的确，它可能非常的偏于一方面。读过鲍洛①的著作的人，当能记忆在《拉凡格罗》一书中的一个人物。他丧失了一生敬爱的妻子，在一时期内觉得人生完全空虚。但他的职业是茶商，为使生活易于挨受起计，他独自去读在他手里经过的茶砖上的中国字。结果，这种事情使他对人生有了新的兴味，热诚地开始研究一切有关中国的东西。我曾认识一些人专事寻觅一切基督教初期的邪说，又有些人的主要兴味却是校勘霍布斯②的原稿和初版版本。要预先猜出何物能引起一个人的兴味是绝对不可能的，但大多数人都能对这样或那样感到极强烈的兴趣，而这等兴趣一朝引动之后，他们的生活就脱离了烦闷。然而在促进幸福的功用上，极其特殊的兴致总不及对人生的一般的兴致，因为它难以填补一个人全部的时间，关于癖好的特殊事物所能知道的事情，可能在未了全部知道，使你索然兴尽。

---

① 系十九世纪英国游历家。——译者注

② 托马斯·霍布斯（Thomas Hobbes，一五八八——一六七九）十七世纪英国哲学家。——译者注

还须记得，在我们列举的各种食客中间，包括着饕餮者，那是我们不预备加以赞扬的。读者或将认为，在我们赞美的有兴致的人和饕餮者中间并无确切的区别。现在我们应当使这两个典型的界限格外显明。

大家知道，古人把中庸之道看作主要德性之一。在浪漫主义和法国大革命的影响之下，许多人都放弃了这个观点而崇拜激昂的情绪，即使像拜伦的英雄们所有的那种含有破坏性和反社会性的激情，也一样受人赞美。然而在这个问题上，显然古人是对的。在优美的生命中，各种不同的活动之间必须有一个均衡，决不可把其中之一推到极端，使其余的活动不可能。饕餮者把一切旁的乐趣都为了口腹之欲而牺牲，由是减少了他的人生快乐的总量。除了口腹之欲以外，很多旁的情欲都可同样的犯过度之病。约瑟芬皇后①在服饰方面是一个饕餮者。初时拿破仑照付她的成衣账，虽然附加着不断的警告。终于他告诉她实在应该学学节制，从此他只付数目合理的账了。当她拿到下一次的成衣服时，曾经窘了一下，但立即想出了一个计划。她去见陆军部长，要求他从军需款项下拨款支付。部长知道她是有把他革职之权的，便照她的吩咐办了，结果是法国丢掉了热那亚。这至少在有些著作里说的，虽然我不敢担保这件故事完全真确。但不问它是真实的或夸张的，对于我们总是同样有用，因为由此可见一个女人为了服饰的欲望，在她能够放纵时可以放纵到怎样的田地。嗜酒狂和色情狂是同类的显著的例子。在这等事情上面的原则是非常明显的。我们一切

① 系指拿破仑发妻。——译者注

独立的嗜好和欲望，都得和人生一般的组织配合。假如要使那些嗜好和欲望成为幸福之源，就该使它们和健康，和我们所爱的人的感情，和我们社会的关系，并存不悖。有些情欲可以推之任何极端，不致超越这些界限，有些情欲却不能。譬如说，假令爱好下棋的人是一个单身汉，有自立的能力，那么他丝毫不必限制他的棋兴；假令他有妻子儿女，并且要顾到生活，那他必得严格约束他的嗜好。嗜酒狂与饕餮者即使没有社会的束缚，在他们自身的利害上着想也是不智的，既然他们的纵欲要影响健康，须臾的快乐要换到长时期的苦难。有些事情组成一个基本的体系，任何独立的情欲都得生活在这个体系里面，倘使你不希望这情欲变成苦难的因子。那些组成体系的事是：健康，各部官能的运用，最基本的社会责任，例如对妻子和儿女的义务等。为了下棋而牺牲这一切的人，其为害不下于酒徒。我们所能为他稍留余地的唯一的理由，是这样的人不是一个平凡之士，唯有多少秉赋不寻常的人才会沉溺于如此抽象的游戏。希腊的节制教训，实际上对这些例子都可应用。相当地爱好下棋，以致在工作时间内想望着夜晚可能享受的游戏，这样的人是幸运的，但荒废了工作去整天下棋的人就丧失了中庸之德。据说托尔斯泰在早年颓废的时代，为了战功而获得十字勋章，但当授奖的时候，他方专心致志于一局棋战，竟至决定不去领奖。我们很难在这一点上批评托尔斯泰不对，因为他的得到军事奖章与否是一桩无足重轻的事，但在一个较为平凡的人身上，这种行为就将成为愚妄了。

为把我们才提出的中庸主义加以限制起计，必须承认有些行为是被认为那样的高贵，以致为了它们而牺牲一切旁的事情都是正当的。

为保卫国家而丧生的人，决不因他把妻儿不名一文地丢在世上而受到责难。以伟大的科学发现或发明为目标而从事实验工作的人，也决不因为他使家族熬受贫穷而受到指摘，只消他的努力能有成功之日。虽然如此，倘若他始终不能完成预期的发现或发明，他定将被舆论斥为狂人，而这是不公平的，因为没有人能在这样一件事业里预操成功之券。在基督纪元的最初千年内，一个遗弃了家庭而隐遁的人是被称颂的，虽然今日我们或许要他留些活命之计给家人。

我想在饕餮者和胃口正常的人中间，总有些深刻的心理上的不同。一个人而听任一种欲望放肆无度，以致牺牲了一切别的欲望时，他心里往往有些根子很深的烦恼，竭力设法避免着幽灵。以酒徒来说，那是很明显的：他们为了求遗忘而喝酒。倘他们生活之中没有幽灵，便不致认为沉醉比节制更愉快。好似传说中的中国人所说的："不为酒饮，乃为醉饮。"这是一切过度和单方面的情欲的典型。所寻求的并非嗜好物本身的乐趣，而是遗忘。然而遗忘之道亦有大不相同的两种，一是用愚蠢的方法获致的，一是以健全的官能运用获致的。鲍洛的那个朋友自修汉文以便忍受丧妻之痛，当然是在寻求遗忘，但他借以遗忘的是毫无坏处的活动，倒反能增进他的智力和知识。对于这一类方式的逃避，我们毫无反对的理由。但对于以醉酒、赌博、或任何无益的刺激来求遗忘的人，情形便不同了。固然，还有范围更广的情形。对一个因为觉得人生无聊而在飞机上或山巅上愚妄地冒险的人，我们又将怎么说？假如他的冒险是有裨于什么公众福利，我们能赞美他，否则我们只认为他比赌徒和酒鬼略胜一筹罢了。

真正的兴致（不是实际上寻求遗忘的那种），是人类天然的救济物的一部分，除非它被不幸的境遇摧毁。幼年的儿童对所见所闻的一切都感到兴致；在他们看来，世界充满着惊奇的东西，他们永远抱着一腔热诚去追求知识，当然不是学校里的知识，而是可使他们和吸引他们注意的东西厮熟的知识。动物，即使在成年之后，只消在健康状态中，依旧保持着它们的兴致。一头猫进入一间陌生的屋子，坐下之前必先在屋角四周嗅遍，看有什么耗子的气味闻到。一个从未受到重大阻逆的人，能对外界保持兴致，而只要能保持兴致，便觉得人生愉快，除非他的自由受到什么过分的约束。文明社会里的丧失兴致，大部分是由于自由被限制，而这种限制对于我们的生活方式倒又是必要的。野蛮人饥饿时去打猎，他这样做的时候是凭着直接的冲动。每天清早在一定的钟点上去上工的人，基本上也是由于同样的冲动，就是说他需要保障生活；但在他的情形内，冲动并不对他直接起作用，而且冲动发生的时间与他行动的时间也不一致：对他，冲动是间接地由于空想、信念和意志而起作用。在一个人出发工作时，他并不觉得饥饿，既然他才用过早餐。他只知道饥饿会重临，去上工是为疗治将来的饥饿。冲动是不规则的，至于习惯，在文明社会里却是有规则的。在野蛮人中，连集团的工作也是自发的，由冲动来的。一个部落出发作战时，大鼓激起战斗的热情，群众的兴奋使每个人感到眼前的活动是必需的。现代的工作可不能用这种方法来安排。一列火车将要起程时，决不能用野蛮人的音乐来煽动脚伕、司机和扬旗手。他们的各司其事只是因为事情应得做，换言之，他们的动机是间接的：他们并无要做这些活动的冲动，只想去获得活动的最后酬报。社会生活中一大部分都有同样的缺陷。人们互相交接，并非因为有意于交接，而是因为希望能从合作上获得些最后的利便。因冲动的被限制，使文明人在生活中每一刹那都失去自由：假如他觉得高兴，他不可在街上唱歌或舞蹈，假如他悲哀，他不可坐在阶上哭泣，以免妨碍行人交通。少年时，他的自由在学校里受限制，成年时，在工作时间内受限制。这一切都使兴致难以保存，因为不断的束缚产生疲劳与厌倦。然而没有大量的束缚加于自发的冲动，就不能维持一个文明社会，因为自发的冲动只能产生最简单的社会合作，而非现代经济组织所需要的错综复杂的合作。要凌驾这些阻碍兴致的东西，一个人必须保有健康和大量的精力，或者，如果他幸运的话，有一桩本身便有趣的工作。据统计所示，近百年来健康在一切文明国内获有迅速的进步，但精力就不易测量了，并且我怀疑在健康时间内的体力是否和从前一样强。在此，大部分是社会问题，为我不预备在本书内讨论的。但这问题本身也有个人的和心理的一方面，为我们在论列疲劳时已经检讨过的。有些人尽管受着文明生活的妨碍，依然保存着兴致，而且很多人能做到这一步，仿佛他们并无内心的冲突使他们消耗大部分的精力。兴致所需要的，是足以胜任必要工作以上的精力，而精力所需要的又是心理机械的运用裕如。至于怎样促进心理机械的运用，当在以后几章内再行详论。

在女人方面，由于误解"体统"之故，大大地减少了兴致，这种情形现在虽比从前为少，但依旧存在。大家一向认为女人不该很显露地关切男人，也不该在大众前面表示过分的活跃。她们学着对男子淡漠，就学着对一切的事情淡漠，至多只关心举止端方这一点。教人对人生取停滞和后退的姿态，明明是教人和兴致不两立，鼓励自我沉溺，这是极讲体统的女人的特征，尤其是那般未受教育的。她们没有普通男人对运动的兴趣，没有对政治的兴趣，对男人取着远避的态度，对女人抱着暗暗仇视的心思，因为她们相信旁的女子不像自己那么规矩。她们以离群索居自豪，就是说以对于同族同类的漠不关心为品德。当然，我们不应责备她们这些；她们只是接受流行了数千年的女子的道德教训罢了。然而她们做了压迫制度的牺牲品，连这个制度的不公平都不曾觉察。她们认为，一切的偏狭是善的，一切的宽宏慷慨是恶的。在她们的社会圈内，她们竭力去做一切毒害欢乐之事，在政治上她们欢喜采高压手段的立法。幸而这种典型日渐少见，但仍占着相当的优势，远非生活在解放社团内的人所能想象。谁要怀疑这个说数，可以到若干寄宿舍里去走一遭，注意一下那些女主人。你将发现她们的生活建筑在"女德"这个观念之上，其要点是摧毁一切对人生的兴致，结果是她们的心和脑的萎缩。在合理的男德和女德之间，并无差别，无论如何并无传统所说的那种差别。兴致是幸福和繁荣的秘诀，对男人如此，对女人亦然如此。

情 爱

缺少兴致的主要原因之一，是一个人觉得不获情爱，反之，被爱的感觉比任何旁的东西都更能促进兴致。一个人的觉得不被爱，可有许多不同的理由。他或者自认为那么可憎，以致没有人能爱他；他或者在幼年时受到的情爱较旁的儿童为少，或者他竟是无人爱好的家伙。但在这后面的情形中，原因大概在于因早年的不幸而缺少自信。觉得自己不获情爱的人，结果可能采取各种不同的态度。他可能用拼死的努力去赢取情爱，或许用非常热爱的举动做手段。然而在这一点上他难免失败，因为他的慈爱的动机很容易被受惠的人觉察，而人类的天性是对最不要求情爱的人才最乐意给予情爱。所以，一个竭力用仁慈的行为去博取情爱的人，往往因人类的无情义而感到幻灭。他从未想到，他企图获得的温情比他当作代价一般支付出去的物质的恩惠，价值要贵重得多，然而他的行为的出发点就是这以少博多的念头。另外一种人觉得不被爱之后可能对社会报复，或是用煽动战争与革命的方法，或是用一支尖刻的笔，像斯威夫特①那样。这是对于祸害的一种壮烈的反动，需要刚强的性格方能使一个人和社会处于敌对地位。很少人能达到这样的高峰；最大多数的男女感到不被爱时，都沉溺在胆怯的绝望之中，难得遇有嫉妒和捉弄的机会便算快慰了。普通这样的人的生活，总是极端以自己为中心，而不获情爱又使他们觉得不安全，为逃避这不安全感起计，他们本能地听任习惯来完全控制他们的生活。

那般自愿作刻板生活的奴隶的人，大抵是由于害怕冷酷的外界，以为永远走着老路便可不致堕入冷酷的外界中去。

凡是存着安全感对付人生的人，总比存着不安全感的人幸福得多，至少在安全感不曾使他遭遇大祸的限度之内②。且在大多数的情形中，安全意识本身就能助人避免旁人必不可免的危险。倘你走在下临深渊的狭板之上，你害怕时比你不害怕时更容易失足。同样的道理可应用于人生。当然，心无畏惧的人可能遇着横祸，但他很可能渡过重重的难关而不受伤害，至于一个胆怯的人却早已满怀怅惘了。这一种有益的自信方式的确多至不可胜数。有的人不畏登山，有的人不畏渡海，有的人不畏航空。但对于人生一般的自信③，比任何旁的东西都更有赖于获得一个人必不可少的那种适当的情爱。我在本章内所欲讨论的，便是把这种心理习惯当作促成兴致的原动力看待。

产生安全感觉的，是"受到的"而非"给予的"情爱，虽在大多数的

---

① 乔纳森·斯威夫特（Jonathan Swift，一六六七——七四五）英国文人中为最强悍之笔战家。——译者注

② 意为太存着安全感，亦能令人以懈怠而致大祸。——译者注

③ 自信与无畏在此为同义字。——译者注

情形中是源于相互的情爱。严格说来，能有这作用的，情爱之外还有钦佩。凡在职业上需要公众钦佩的人，例如演员、宣道师、演说家、政治家，等等，往往越来越依靠群众的彩声。当他们受到应得的群众拥护的酬报时，生活是充满着兴致的；否则他们便满肚皮的不如意而变得落落寡合。多数人的广大的善意之于他们，正如少数人的更集中的情爱之于另一般人。受父母疼爱的儿童，是把父母的情爱当作自然律一般接受的。他不大想到这情爱，虽然它于他的幸福是那么重要。他想着世界，想着所能遭逢的奇遇，想着成人之后所能遭逢的更美妙的奇遇。但在所有这些对外的关切后面，依旧存着一种感觉，觉得在祸害之前有父母的温情保护着他。为了什么理由而不得父母欢心的儿童，很易变成胆怯而缺乏冒险性，充满着畏惧和自怜的心理，再也不能用快乐的探险的心情去对付世界。这样的儿童可能在极低的年龄上便对着生、死和人类命运等等的问题沉思退想。他变成一个内省的人，先是不胜悲抑，终于在哲学或神学的什么学说里面去寻求非现实的安慰。世界是一个混乱无秩序的场合，愉快事和不愉快事颠颠倒倒的堆在一块。要想在这中间理出一个分明的系统或范型来，骨子里是由恐惧所致，事实上是由于害怕稠人广众的场合，或畏惧一无所有的空间。一个学生在书斋的四壁之间是觉得安全的。假如他能相信宇宙是同样的狭小，那么，他偶然上街时也能感到几乎同样的安全。这样的人倘曾获得较多的情爱，对现实世界的畏惧就可能减少，且也毋须发明一个理想世界放在信念里了。

虽然如此，绝非所有的情爱都能鼓励冒险心。你给予人的情爱，应当本身是强壮的而非畏怯的，希望对方卓越优异的心理，多于希望对方安全的心理，虽不是绝对不顾到安全问题。倘若胆怯的母亲或保姆，老对儿童警告着他们所能遇到的危险，以为每条狗会咬，每条牛都是野牛，那么，可能使孩子和她一般胆怯，使他觉得除了和她挨在一起之外便永远不安全。对于一个占有欲过分强烈的母亲，儿童的这种感觉也许使她快慰：她或者希望他的依赖她，甚于他有应付世界的能力。在这情形中，孩子长大起来，或竟会比完全不获慈爱的结果更坏。幼年时所养成的思想习惯可能终身摆脱不掉。许多人在恋爱时是在寻找一个逃避世界的托庇所，在那里他们确知即在不值得钦佩时也能受到钦佩，不当赞美时也能受到赞美。家庭为许多男人是一个逃避真理的地方，恐惧和胆怯使他们感到结伴之乐，因为在伴侣之间这些感觉可以抑压下去。他们在妻子身上寻找着从前在不智的母亲身上可以得到的东西，可是一朝发觉妻子把他们当作大孩子看时，他们倒又惊愕起来了。

要把最妥善的一种情爱下一界说，决不是容易的事，因为显而易见其中总有些保护的成份。我们对所爱的人受到的伤害不能漠不关心。然而我以为，对灾患的畏惧，不能和对实在灾患表示同情相比，它应该在情爱里面占着极小的部分。替旁人担心，仅仅比替自己担心略胜一筹。而且这种种是遮饰占有欲的一种烟幕。我们希望引起他们的恐惧来使他们更受自己控制。当然这是男子欢喜胆怯的女人的理由之一，因为他们从保护她们进而占有她们。要说多少分量的殷勤关切才不致使受惠者蒙害，是要看受惠者的性格而定的：一个坚强而富有冒险性的人，可以担受大量的温情而无害，至于一个胆怯之士却应该让他少受为妙。

受到的情爱具有双重的作用。至此为止我们把它放在安全一块讨论着，但在成人生活中，它还有更主要的生物学上的目标，即是做父母的问题。不能令人对自己感到性爱，对任何男女是一桩重大的不幸，因为这剥夺了他或她人生所能提供的最大的欢乐。这种丧失几乎迟早会摧毁兴致而致人于孤寂自省之境。然而往往早年所受的灾祸造成了性格上的缺陷，成为日后不能获得爱情的原因。这一点或在男人方面比在女人方面更真切，因为大体上女人所爱于男人的是他们的性格，而男人所爱于女人的是她们的外表。在这方面说，我们必得承认男人显得不及女人，因为男人在女人身上认为可喜的品质，还不如女人在男人身上认为可喜的品质来得有价值。可是我决不说好的性格比着好的外表更易获得；不过女人比较能懂得获致好的外表的必要步骤，而男人对获致好的品格的方法却不甚了解。

至此为止，我们所谈的情爱是以人为客体的，即是一个人受到的情爱。现在我愿一谈以人为主体的，即是一个人给予的情爱。这也有两种，一种也许最能表现对人生的兴致，一种却表现着恐惧。我觉得前者是完全值得赞美的，后者至多不过是一种安慰。假如你在晴好的日子沿着秀丽的海岸泛舟游览，你会赏玩海岸之美，感到一种乐趣。这种乐趣是完全从外展望得来的，和你任何急迫的需要渺不相关。反之，倘使你的船破了，你向着海岸泅去时，你对海岸又感到一种新的情爱；那是代表波涛中逃生的安全感，此时海岸的美丑全不相干了。最好的情爱，相当于一个人的船安全时的感觉，较次的情爱，相当于舟破以后逃生者的感觉。要有第一种情爱，必须一个人先获安全，或至少对遭遇的危险毫不介意；反之，第二种情爱是不安全感的产物。从不安全感得来的情爱，比前一种更主观，更偏于自我中心，因为你所爱的人是为了他的助力而非为了他原有的优点。可是我并不说这一种的温情在人生中没有正当的作用。事实上，几乎所有真实的情爱都是由上述两种混合而成的，并且只要温情把不安全感真正治好的时候，一个人就能自由地对世界重新感到兴趣，而这兴趣在危险与恐怖的时间是完全隐避着的。但即使承认不安全感所产生的情爱在人生也有一部分作用，我们还得坚持它不及另一种有益，因为它有赖于恐惧，而恐惧是一种祸害，也因为它令人偏于自我集中。在最好的一种情爱里，一个人希望着一桩新的幸福，而非希望逃避一件旧的忧伤。

最好的一种温情是双方互受其惠的；彼此很欢悦的接受，很自然的给予，因为有了互换的快乐，彼此都觉整个的世界更有趣味。然而，还有一种并不少见的情爱，一个人吸收着另一个的生命力，接受着另一个的给予，但他这方面几乎毫无回报。有些生机旺盛的人便属于这吸血的一类。他们把一个一个的牺牲者的生命力吸吮净尽，但当他们发扬光大时，那些被榨取的人却变得苍白，阴沉而麻木了。这等人利用旁人，把他们当作工具来完成自己的目标，却从不承认他们也有他们的目标。他们一时以为爱着什么人，其实根本不曾对这个人发生兴趣；他们只关心鼓舞自己活动的刺激素，而所谓他们的活动也许是完全无人格性的那种。这种情形显然是从他们性格的缺陷上来的，但这缺陷既不易诊断也不易治疗。它往往和极大的野心相连，且也由于他们把人类幸福之源从单方面去看的缘故。情爱，在两人真正相互的关切上说，不单是促成彼此福利的工具，且是促成共同的福利的工具，是真正幸福的最重要因素之一。凡是把"自我"拘囚在四壁之内不令扩大的人，必然错失了人生所能提供的最好的东西，不论他在事业上如何的成功。一个人或是少年时有过忧伤，或是中年时受过侵害，或是有任何足以引起被虐狂的原因，才使他对人类抱着愤懑与仇恨，以致养成了纯粹的野心而排斥情爱。太强的自我是一座牢狱，倘你想完满地享受人生，就得从这牢狱中逃出来。能有真正的情爱，便证明一个人已逃出了自己的樊笼。单单接受情爱是不够的；你受到的情爱，应当把你所要给予的情爱激发起来；唯有接受的和给予的两种温情平等存在时，温情才能完成最大的功能。

妨碍相互情爱的生长的，不问是心理的或社会的阻碍，都是严重的祸害，人类一向为之而受苦，直到现在。人们表示钦佩是慢的，因为恐怕不得其当；他们表示情爱也是很慢的，因为恐怕或者他们向之表示情爱的人，或者取着监视态度的社会，可能使他们难堪。道德教人提防，世故也教人提防，结果是在涉及情爱的场合，慷慨与冒险性都气馁了。这一切都能产生对人类的畏怯和愤懑，因为许多人终身错失了真正基本的需要，而且十分之九丧失了幸福的必要条件，丧失了对世界的胸襟开旷的态度。这并非说，所谓不道德的人在这一点上优于有道德的人。在性关系上，几乎全没可称为真正情爱的东西；甚至怀着根本敌意的也有。各人设法不使自己倾心相与，各人保留着基本的孤独，各人保持着完整，所以毫无果实。在这种经验内，全无重大的价值存在。我不说应该小心避免这等经历，因为在完成它们的过程中，可有机会产生一种更可贵而深刻的情爱。但我的确主张，凡有真价值的性关系必是毫无保留的，必是双方整个的人格混合在一个新的集体人格之内的。在一切的提防之中，爱情方面的提防，对于真正的幸福或许是最大的致命伤。

家 庭

从过去传到我们手里的一切制度里面，在今日再没像家庭那样的紊乱与出轨的了。父母对子女和子女对父母的情爱，原可成为最大的幸福之源之一，但事实上，如今父母与子女的关系十分之九是双方都感到苦恼的来源，百分之九十九是至少双方之中的一方感到苦恼的原因。造成我们这时代的不快乐的原因当然不一，但最深刻的一种是家庭未能予人以基本的快慰。成人若要和自己的儿女维持一种快乐的关系，或给予他们一种快乐的生活，必得对为人父母的问题深思熟虑一番，然后贤明地开始行动。家庭的问题太广大了，本书只能把它涉及幸福的部分加以讨论。而且即在这个部分内，我们也得固定讨论的范围，就是我们所说的改善，必须在个人的权力以内而无须改变社会组织。

当然，这是把题目限制得非常狭小了，因为今日的家庭苦恼，原因是极繁复的，有心理的，有经济的，有社会的，有教育的，有政治的。以社会上的优裕阶级来说，有两个原因使女人觉得为人父母是一件比从前沉重得多的担负。这两个原因是：一方面是单身女子的能够自力谋生，一方面是仆役的服务远不如前。在古老的日子，女人的结婚是处女生活难以挨受所促成的。那时一个少女不得不在经济上仰给于父母，随后再仰给于心中不甚乐意的兄弟。她没有事情可以消磨日子，在家宅以外毫无自由可以享受。她既没机会也没倾向作性的探险，她深信婚姻以外的性行为都是罪孽。要是她不顾一切的防御，受着什么狡猾的男子诱惑而丧失了贞操，那么，她的境况就可怜到极点。高斯密斯在题作《韦克斐特的副牧师》的小说中把这种情景描写得非常真切：

能遮饰她罪孽的方法，
能到处替它遮盖的，
能使她的情夫忏悔，而
使他中心哀痛的，——唯有一死。

在此情形中，现代的少女却并不认为死是唯一的出路了。假如受过教育，她不难谋得优裕的生计，因此毋需顾虑父母的意见。自从父母对女儿丧失了经济威权以后，就不大敢表示他们道德上的反对，去埋怨一个不愿听受埋怨的人是没有多大用处的。所以目前职业界中的未婚女子，只消有着中人的姿色和中人的聪明，在她没有生儿育女的欲望的期间，尽可享受一种完全愉快的生活。但若儿女的欲望战胜了她时，她就不得不去结婚，同时丧失她的职业。她的生活水准也要比她一向习惯的降低，因为丈夫的收入可能并不比她前此所赚的为多，而他却需要维持一个家庭，不像她从前只消维持一个单身的女子。过惯独立生活之后，再要去问别人需索必不可少的零钱，在她是非常烦恼的。为了这许多理由，这一类的女人往往迟疑着，不敢贸然尝试为父母的滋味。

倘若一个女子不顾一切而竟自下水的话，那么，和前几代的女人比较之下，她将遇到一个新的恼人的问题，即是难以找到适当的仆役。于是她不得不关在家里，亲自去做无数乏味的工作，和她的能力与所受的训练完全不相称的琐事，或若她不亲自动手的话，又为了呵责不称职的仆役而弄坏心情。至于对儿童的物质上的照顾，她若肯费心了解这方面的事情，又必觉得把孩子交给仆人或保姆是件危险的事，甚至最简单的清洁与卫生的照料也不能交给旁人，除非有力量雇一个受过学校训练的保姆。肩荷着一大堆琐事而不致很快地丧失她所有的爱娇和四分之三的聪明，那她真是太幸了。这样的女子往往单为亲操家政之故，在丈夫眼中变得可厌，在孩子眼中显得可憎。黄昏时，丈夫从公事房回来，唠叨着一天的烦恼的女人是一个厌物，不这样唠叨的女人是一个糊涂虫。至于对儿女的关系，她为了要有儿女而作的牺牲永远印在头脑里，以致她几乎一定会向孩子要求过分的酬报，同时关心琐事的习惯使她过事张皇，心地狭小。这是她不得不受的损害之中的最严重的：就是因为尽了家庭责任而丧失了一家之爱；要是她不管家事而保持着快乐与爱娇，家人们也许倒会爱她①。

这些纠纷主要是属于经济的，另一桩几乎同样严重的纠纷也是属

---

① 这个问题在特别关涉职业界的方面，约翰·爱林氏在避免做父母一书中讨论得非常精警恰当。——原注

于这个性质。我是指因大都市的人口密集而引起的居住困难。在中世纪，城市和今日的乡村同样的空旷。现在儿童还唱着那支老歌：

保禄尖塔上立着一株树，
无数的苹果摇呀摇，
伦敦城里小娃娃，
拿着拐杖跑来就把苹果敲，
敲下苹果翻篱笆，
一跑直跑到伦敦桥。

圣保禄的尖塔是没有了，圣保禄和伦敦桥中间的篱垣也不知何时拆掉了。像儿歌里所说的伦敦小娃娃的乐趣，已经是几百年前的事情，但并不很久以前，大群的人口还住在乡下。那时城市并不十分大；出城容易，就在城内找些附有园子的住屋也很平常。目前，英国的城市居民和乡居的比较之下占着压倒的多数。在美国，畸形状态还没如此厉害，但在日趋严重。如伦敦、纽约一流的都市，幅员辽阔，需要很多时间才能出城。住在城里的人通常只能以一个楼而为满足，当然那是连一寸的土地都接触不到的，一般纡于财力的人只能局促于极小的空间。倘有年幼的儿童，在一层楼上过活是很不舒服的。没有房间给他们玩，也没有房间好让父母远离他们的喧扰。因此职业界的人一天天地住到近郊去。替儿童着想，这无疑是很好的，但大人的生活更加辛苦了，他在家里的作用也因奔波之故而大为减少。

然而这种范围广大的经济问题不是我所欲讨论的对象，我们的题目只是：此时此地个人能有什么作为去觅取幸福。当我们涉及今日父母与子女的关系中的心理纠葛时，难题就近了。而这类心理纠葛实是民主主义所引起的难题的一部分。从前有主人和奴隶之分：主人决定应做之事，在大体上是喜欢他们的奴隶的，既然奴隶能够供给他们幸福。奴隶可能憎恨他们的主人，不过这种例子并不像民主理论所臆想的那么普遍。但即使他们恨主人，主人可并不觉察，无论如何主人是快乐的。民主理论获得大众拥护的时候，所有这些情形就不同了：一向服从的奴隶不再服从了；一向对自己的权利深信不疑的主人，变得迟疑不决了。摩擦于以发生，双方都失去了幸福。我并不把这些说话来攻击民主主义，因为上述的纠纷在任何重要的过渡时代都免不了。但在过渡尚在进行的期间，对妨害社会幸福的事实掉首不顾，确是毫无用处的。

父母与子女的关系变更，是民主思想普遍蔓延的一个特殊例子。父母不敢再相信自己真有权利反对儿女，儿女不再觉得应当尊敬父母。服从的德性从前是天经地义，现在变得陈腐了，而这是应当的。精神分析使有教育的父母惶惶不安，唯恐不由自主地伤害了孩子。假如他们亲吻孩子，可能种下俄狄浦斯症结；假如不亲吻，可能引起孩子的炉火。假如他们命令孩子做什么事情，可能种下犯罪意识；不命令吧，孩子又要习染父母认为不良的习惯。当他们看见幼儿吮吸大拇指时，他们引伸出无数可怕的解释，但他们彷徨失措，不知怎样去阻止他。素来威势十足的父母身份，变得畏怯、不安，充满着良心上的疑惑。古老的、单纯的快乐丧失了，同时：由于单身女子的获得自由，女子在决意做母亲的时光，得准备比从前作更多的牺牲。在这等情形之下，审慎周详的母亲对子女要求太少，任意使性的母亲对子女要求太多。前者抑压着情爱而变得差怯；后者想为那不得不割弃的欢乐在儿女身上找补偿。在前一种情形内，儿女闹着情爱的饥荒；在后一种情形内，儿女的情爱受着过度的刺激。总而言之，在无论何种情势之下，总没有家庭在最完满的情状中所能提供的，单纯而自然的幸福。

看到了这些烦恼以后，还能对生产率的低落感到惊异么？在全部人口上生产率降低的程度，已显示不久人口将要趋于减缩，但富裕阶级早已超过这个程度，不独一个国家如此，并且实际上所有最文明的国家都是如此。关于富裕阶级的生产率，没有多少统计可以应用，但从我们上面提及的约翰·爱林的著作内，可以征引两件事实。一九一九至一九二二年间，斯托克霍姆的职业妇女的生产量，只及全部人口生产量的三分之一；而美国惠斯莱大学的四千毕业生中，在一八九六至一九一三年间生产的儿童总数不过三千，但为阻止现在的人口减缩，应当有毫无天殇的八千儿童。毫无疑问，白人的文明有一个奇怪的特征，就是越是吸收这种文明的男女，越是不生育。最文明的人最不生育，最不文明的人最多生育；两者之间还有许多等级。现在西方各国最聪明的一部分人正在死亡的路上。不到多少年以后，全部的西方民族要大为减少，除非从文明较逊的地域内移民去补充。而一当移民获得了所在国的文明时，也要比较减少生育。具有这种特征的文明显然是不稳固的，除非这文明能在数量上繁殖，它迟早要被另一种文明所替代，而在此替代的文明里面，做父母的冲动一定保存得相当强烈，足以阻止人口减退。

在西方每个国家内，世俗的道学家们竭力用着激励和感伤性来对付这个问题。一方面，他们说儿女的数量是上帝的意志，所以每对夫妇的责任是尽量生育，不问生下来的子女将来能否享有健康与幸福。另一方面，教士们唱着高调，颂扬母性的圣洁的欢乐，以为一个患病与贫苦的大家庭是幸福之源。政府再来谆谆劝告，说相当数量的炮灰是必要的，因为倘没有充分的人口留下来给毁灭，所有这些精巧奇妙的毁灭械器又如何能有适当的运用？奇怪的是，当父母的即使承认这些论据可应用于旁人，但一朝应用到自己身上时就装聋了。教士和爱国主义者的心理学完全走错了路。教士只有能用地狱之火来威吓人的时候才会成功，但现在只剩少数人把这威吓当真了。一切不到这个程度的威吓，决计不能在一件如是属于私人性质的事情上控制人的行为。至于政府，它的论据实在太残酷了。人们曾同意由别人去供给炮灰，但决不高兴想到自己的儿子将来派此用场。因此，政府所能采取的唯一的办法，是保留穷人的愚昧，但这种努力，据统计所示，除了西方各国最落后的地方以外，遭受完全的失败。很少男人或女人会抱着公共责任的念头而生育子女，即使真有什么公共责任存在。当男女生育时，或是因为相信子女能增加他们的幸福，或是因为不知道怎样避免生育。这后面的理由至今还有很大的作用，但它的力量已经在很快地减退下去①。教会也好，政府也好，不论它们如何措置，总不能阻止这减退的继续。所以倘白种人要存活下去，就得使做父母这件事重新能予父母以幸福。

当一个人丢开了现下的环境，来单独观察人类天性时，我想一定

① 此疑隐指现代人渐知节育避孕而言。——译者注

能发现做父母这件事，在心理上是能够使人获得最大而最持久的幸福的。当然，这在女人方面比在男人方面更其真切，但对男人的真切，也远过于现代化多数人士所想象的程度。天伦之乐是现代以前的全部文学所公认的。希古巴①对于儿女要比对丈夫关切得多；玛克特夫②对儿女也比对妻子更重视。在《旧约》里，男女双方都极热心地要传留后裔，在中国和日本，这种精神一直保持到今日。大家说这种欲望是由祖先崇拜来的。但我认为事实正相反，就是祖先崇拜是人类重视血统延续的反映。和我们前此所述的职业妇女相反，生男育女的冲动一定非常强烈，否则决没有人肯作必要的牺牲去满足生育冲动。以我个人来说，我觉得做父母的快乐大于我所曾经历的任何快乐。我相信，当环境诱使男人或女人割弃这种快乐时，必然留下一种非常深刻的需要不曾满足，而这又产生一种愤懑与骚乱，其原因往往无法知道。要在此世幸福，尤其在青春消逝之后，一个人必须觉得自己不单单是一个岁月无多的孤立的人，而是生命之流的一部分——它是从最初的细胞出发，一直奔向不可知的轶远的前程的。这若当作一种用固定的字句来申说的有意识的情操，那么，它当然是极端文明而智慧的世界观，但若当作一种澎湃的本能的情绪，那么，它是原始的、自然的，正和极端文明相反。一个人而能有什么伟大卓越的成就，使他留名于千秋万世之后的，自然能靠着他的工作来满足生命持续的感觉；但那般并无奇材异能的男女，唯一的安慰就只有凭借儿女一法。凡是让生育冲动萎缩的人，已把自己和生命的长流分离，而且冒着生命枯涸之险。

① 系神话中赫拉克勒斯之母。——译者注
② 苏格兰传说中人物。——译者注

对他们，除非特别超脱之辈，死亡就是结束一切。在他们以后的世界与他们不复关涉，因此他们觉得所作所为都是一片空虚而无足重轻。对于有着儿孙，并且用自然的情爱爱着他们的男女，将来是重要的，不但在伦理上或幻想上觉得重要，抑且自然地本能地觉得重要。且若一个人能把兴趣扩张到自身之外，定还能把他的兴致扩张到更远。如亚伯拉罕那样，他将快慰地想到他的种子将来是去承受福地的，即使要等多少代以后才能实现；他将因这种念头而感到满足。而且由于这等感觉，他才不致再有空虚之感把他所有的情绪变得迟钝。

家庭的基础当然是靠父母对亲生子女的特殊感觉，异于父母之间相互的感觉，也异于对别的儿童的感觉。固然有些父母很少或竟毫无慈爱之情，也有些女子能对旁人的儿女感到如对自己的一般强烈的情爱。虽然如此，大部分总是父母的情爱是一种特别的感觉，为一个正常的人对自己的孩子感有的，而对一切旁人都没有的。这种情绪是我们从动物的祖先那里承袭下来的。在这一点上，弗洛伊德的观点似乎不曾充分顾到生物学上的现象，因为你只要观察一头为母的动物怎样对待它的幼儿，就可发现它对它们的态度，和它对着有性关系的雄性动物，是完全属于两种的。而这种差别，一样见于人类，虽形式上略有变更，程度也不像动物那么显著。假如不是为了这特种的情绪，那么，把家庭当作制度看时，几乎没有什么话好说了，因为孩子大可以付托给专家照顾。然而以事实论，父母对子女的特殊情爱（只要父母的本能发展健全），确于父母与子女双方都有重大的价值。在子女方面说，父母的情爱比任何旁的情爱都更可恃，你的朋友为了你的优点而爱你；你的爱人为了你的魅力而爱你；假如优点或魅力消失了，朋友和爱人便可跟着不见。但在患难的时候，父母却是最可信赖的人，在病中，甚至在遭受社会唾弃的时光，假如父母真有至性的话。当我们为了自己的长处而受人钦佩时，我们都是觉得快乐的，但我们之中多数心里很谦虚①，会觉得这样的钦佩是不可靠的。父母的爱我们，是为了我们是他们的子女，而这是一个无可变更的事实，所以我们觉得他们比谁都可靠。在万事顺利时，这可能显得无足重轻，但在潦倒失意时，那就给你任何地方都找不到的一种安慰和庇护。

在一切人与人的关系上，要单方面快乐是容易的，要双方都幸福就难了。狱卒可能以监守囚犯为乐；雇主可能以殴击雇员为乐，统治者可能以铁腕统治臣民为乐，老式的父亲一定以夏楚交加的灌输儿子道德为乐。然而这些都是单方面的乐趣，在另一方面看，情形就不愉快了。我们已感到这些片面的乐趣不能令人满足，我们相信人与人间良好的关系应当使双方满足。这特别适用于父母与子女的关系，结果是，父母从子女身上得到的乐趣远比从前为少，子女从父母身上感到的苦恼也远比从前为少。我不以为父母在子女身上得到的乐趣比从前少真是有何理由，虽然目前事实如此。我也不以为有何理由使父母不能加增子女的幸福。但像现代社会所追求的一切均等关系一般，这需要一种相当的敏感与温柔，相当的尊敬别人的个性，那是普通生活中的好斗性所决不鼓励的。我们可用两个观点来考虑这父母之乐，第一从它生物的要素上讲，第二从父母以平等态度对付儿女以后所能产生的快乐来讲。

---

① 意为我们觉得自己的长处不可靠。——译者注

父母之乐的最初的根源是双重的。一方面是觉得自己肉体的一部分能够永久，使它的生命在肉体的其余部分死灭之后延长下去，而这一部分将来可能以同样方式再延长一部分的生命，由是使细胞永生。另一方面有一种权力与温情的混合感。新的生物是无助的，做父母的自有一种冲动要去帮助他，这冲动不但满足了父母对儿童之爱，抑且满足了父母对权力之爱。只要婴儿尚在无助的状态，你对他表示的情爱就不能免除自私的成分，因为你的天性是要保护你自己的容易受伤的部分的。但在儿童年纪很小时代，父母的权力之爱，和希望儿女得益的欲念就发生了冲突，因为控制儿童的权力，在某限度内是自然之理，而儿童在各方面学会独立也是愈早愈妙的事，可是这对于父母爱权力的冲动就不愉快了。有些父母从来不觉察这种冲突，永远专制下去，直到儿童反叛为止。然而有些父母明明觉察，以致永远受着冲突的情绪磨折。他们做父母的快乐就在这冲突里断送了。当你对儿童百般爱护以后，竟发觉他们长大起来完全不是父母所希望的样子，那时你势必有屈辱之感。你要他成为军人，他偏成为一个和平主义者，或像托尔斯泰一般，人家要他成为和平主义者，他偏投入了百人团①。但难题并不限于这些较晚的发展。你去喂一个已能自己饮食的孩子，那么，你是把权力之爱放在孩子的幸福之上了，虽你本意不过想减少他麻烦。假如你使他太警觉地注意危险，那你可能暗中希望他依赖你。假如你给予他露骨的情爱而期待着回报，那你大概想用感情来抓住他。在大大小小无数的方式之下，父母的占有冲动常使他们入于

① 此系指托氏早年从军事。——译者注

歧途，除非他们非常谨慎或心地非常纯洁。现代的父母，知道了这些危险，有时在管理儿童上失去了自信，以致对儿童的效果反不如他们犯着自然的错误时来得好；因为最能引起儿童心理烦虑的，莫如大人的缺乏把握和自信。所以与其小心谨慎，毋宁心地纯洁。父母若是真正顾到儿女的幸福甚于自己对儿女的威权的话，就用不到任何精神分析的教科书才能知道何者当作，何者不当作，单是冲动便能把他们导入正路。而在这个情形中，父母与子女的关系是从头至尾都和谐的，既不会使孩子反抗，也不致使父母失望。但要达到这一步，父母方面必须一开始便尊重儿女的个性，——且这尊重不当单单是一种伦理的或知识的原则，并当加以深刻的体验，使它几乎成为一种神秘的信念，方能完全排除占有和压迫的欲望。当然这样的一种态度不独宜于对待子女，即在婚姻中，友谊中，也一样的重要，虽然在友谊中比较容易办到。在一个良好的社会里，人群之间应当普遍地建立一种政治关系，不过这是一种极其遥远的希望，决不能引颈以待。但这一类的慈爱，需要既如是其普遍，至少在涉及儿童的场合应该促其实现，因为儿童是无助的，因为他们以幼小和娇弱之故受到俗人轻视。

回到本书的主题上来，在现代社会里要获得做父母的完满的乐趣，必须深切地感到前此所讲的对儿童的敬意。这样的人才毋须把权力之爱苦恼地抑压下去，也毋须害怕像专制的父母一般，当儿女自由独立之日感到悲苦的失望。他所能感到的欢乐，必远过于专制的父母在对儿女的威权上所能感到的。因为情爱经温柔把一切趋于专制的倾向洗刷干净之后，能给人一种更美妙更甜蜜的欢悦，更能把粗糙的日常生活点铁成金般炼做神秘的欢乐，那种情绪，在一个奋斗着、挣扎着、想在此动荡不定的世界上维持他的优势的人，是万万梦想不到的。

我对于做父母的情绪虽如此重视，但我决不像普通人一样，从而主张为母的应当尽可能亲自照顾子女的一切。这一类的习俗之见，在当年关于抚育儿女之事茫无所知，而只靠年老的把不科学的陈法传给青年人的时代，是适用的。抚育儿童之事，现在有一大部分唯有在专门学院作过专门研究的人才做得好。但这个道理，仅在儿童教育内相当于时下所谓的"教育"的那一部分，才得到大众承认。人家决不期望一个母亲去教她的儿子微积分，不问她怎样的爱他。在书本教授的范围内，大家公认儿童从一个专家去学比从一个外行的母亲学来得好。但在照顾儿童的许多别的部门内，这一点尚未获得公认，因为那些部门所需要的经验尚未被人公认。无疑的，某些事情是由母亲做更好，但孩子越长大，由别人做来更好的事情就越加多。假如这个原则被人接受的话，做母亲的便可省却许多恼人的工作，因为她们在这方面全然外行。一个有专门技能的女子，最好即在做了母亲以后仍能自由运用她的专门技能，这样她和社会才两受其益。在怀孕的最后几月和哺乳期间，她或者不能如此做，但一个九个月以上的婴儿，不当再成为他母亲职业活动的障碍。但逢社会要求一个母亲为儿子作无理的牺牲时，这为母的倘不是一个非常的人，就将希望从孩子身上获得分外的补偿。凡习俗称为自我牺牲的母亲，在大多数的情形中，对她的孩子总是异乎寻常地自私，因为做父母这件事的所以重要，是由于它是人生的一个要素，若把它当作整个人生看时，就不能令人满足了，而不满足的父母很可能是感情上贪得无厌的父母。所以为子女和母亲双方的利益计，母性不当使她和一切旁的兴趣与事业绝缘。如果她对于抚育儿童真有什么宏愿，并具有充分的知识能把自己的孩子管理很适当，那么，她的技能应该有更广大的运用，她应该专门去抚育有一组可包括自己的孩子在内的儿童。当然，一般的父母，只要履行了国家最低的要求，都可自由发表他们的意见，说他们的儿童应如何教养，由何人教养，只消指定的人有资格负此责任。但决不可有一种成见，要求每个母亲都得亲自去做别个女子能做得更好的事情。对着孩子手足无措的母亲（而这是很多的），当毫不迟疑地把孩子交给一般宜于做这种事情而受过必要训练的女子。没有一种天赋的本能把如何抚养儿童的事情教给女人，而超过了某种限度的殷勤又是占有欲的烟幕，许多儿童，在心理上都是被为母的无知与感伤的管教弄坏的。父亲素来被认为不必对子女多操心的，可是子女之乐于爱父亲正如乐于爱母亲一样。将来，母亲与子女的关系当一步一步地类似今日的父亲，必如是，女人的生活才能从不必要的奴役中解放出来，必如是，儿童才能在精神和肉体的看护方面，受到日有增进的科学知识之惠。

工 作

工作应该列在快乐的原因内还是列在不快乐的原因内，或者是一个疑问。的确有许多工作是极端累人的，过度的工作又永远是很痛苦的。可是我认为，只要不过分，即是最纳闷的工作，对于大多数人也比闲荡容易消受。工作有各种等级，从单单解闷起一直到最深邃的快慰，看工作的性质和工作者的能力而定。多数人所得做的多数工作，本身是无味的，但即是这等工作也有相当的益处。第一，它可以消磨一天中许多钟点，不必你决定做些什么。大多数人一到能依着自己的选择去消磨他们的闲暇时，总是惶然想不出什么够愉快的事情值得一做。不管他们决定做的是什么，他们总觉得还有一些更愉快的事情不曾做，这个念头使他们非常懊恼。能够聪明地填补一个人的闲暇是文明的最后产物，现在还很少人到此程度。并且"选择"这个手续，本身便是令人纳闷的，除了一般主意特别多的人以外。通常的人总欢喜由人家告诉他每小时应做之事，但求这命令之事不要太不愉快。多数有闲的富人感受着无可言喻的烦闷，仿佛为他们的免于苦役偿付代价一般。有时他们可在非洲猎取巨兽，或环游世界一周，聊以排遣，但这一类惊心动魄之事是有限的，尤其在青春过去以后。因此比较聪明的富翁尽量工作，好似他们是穷人一般，至于有钱的女人，大多忙着无数琐屑之事，自以为那些事情有着震撼世界的重要性。

所以工作是人所愿望的，第一为了它可免除烦闷，一个人做着虽然乏味但是必要的工作时，固然也感到烦闷，但决不能和百无聊赖、不知怎样度日的烦闷相比。在这一种的工作利益之上，还有另一种利益，就是使得假日格外甘美。一个人只消没有过分辛苦的工作来摧残他的精力，定会对于自由的时间，比一个成日闲荡的人有更浓厚的兴致。

在大半有酬报的工作和一部分无酬报的工作内，第二桩利益是它给人以成功的机会和发展野心的利便。多数工作的成功是以收入来衡量的，在我们这资本主义社会继续存在时，这是无法避免的事。唯有遇到最卓异的工作，这个尺度才失去效用。人们的愿望增加收入，包含着两层意义，一是愿望成功，二是愿望以较多的收入来获致额外的安适。不管怎样无聊的工作，只消能赖以建立声名，不问在广大社会里的或自己的小范围里的声名，这件工作就挨受得了。目的之持续，终究是幸福的最重要原素之一，而这在大多数人是主要靠了工作而实现的。在这方面说：凡以家政消磨生活的妇女，比起男人或户外工作的女人来，要不幸得多了。管家的女子没有工资，无法改善她的现状，丈夫认为她的操劳是分内之事，实际上也看不见她的成绩，他的重视她并非由于她的家庭工作而是由于她的别的优点。当然，凡是相当优裕能把屋舍庭园布置得美丽动人，使邻居嫉羡的女子，上述的情形是不曾有的，但这类女子比较少见，而且大多数的家事，总不能像别种工作之于男人或职业妇女那样的令人满足。

多数工作令人感到消磨时间的快慰，使野心得有纵使局促也仍相当的出路，且这两点足以使一个即使工作极无味的人，也比一个毫无工作的人在大体上快乐得多。但若工作是有趣的话，它给人的满足将远比单纯的消遣为高级。凡多少有些趣味的各种工作，可依次列成一个系统。我将从趣味比较平淡的工作开始，一直讲到值得吸收一个伟人全部精力的工作。

使工作有趣的有两个原素：第一是巧技的运用，第二是建设性。

每个练有什么特殊本领的人，总乐于施展出来，直到不足为奇或不能再进步的时候为止。这种行为的动机，在幼年时就开始：一个能头朝地把身子倒竖的男孩子，在头向天正式立着的辰光，心里是不甘愿的。有许多工作予人的乐趣，和以妙技为戏得来的乐趣相同。一个律师或政治家的工作，其包含的乐趣一定还要美妙得多，正如玩造桥戏①时的趣味一样。虽然，这里不但有妙技的运用，抑且有和高明的敌手勾心斗角之乐。即在没有这种竞争原素的场合，单是应付一桩艰难的工作也是快意之事。一个能在飞机上献本领的人感到其乐无穷，以致甘愿为之而冒生命之险。我猜想一个能干的外科医生，虽然他的工作需要在痛苦的情势之下执行，照样能以手术准确为乐。同样的乐趣可在一大批比较微末的工作上获得，不过强烈性较差而已。我甚至听到铅管工匠也以工作为乐，虽然我不曾亲身遇见一个这样的人。一切

① 系现代欧美最流行的纸牌戏。——译者注

需要巧技的工作可能是愉快的，只消它有变化，或能精益求精。假如没有这些条件，那么一个人的本领学到了最高点时就不再感到兴趣。一个三英里的长跑家，一过了能打破自己纪录的年龄，就不复感到长跑之乐。幸而在无数的工作内，新的情势需要新的技巧，使一个人能一天天地进步，至少直到中年为止。有些巧妙的工作，例如政治，要在六十至七十岁间方能施展长才，因为在这一类的事业中，丰富广博的人情世故是主要的关键。因此成功的政治家在七十岁时要比旁人在同年龄时更幸福。在这方面，只有大企业的领袖堪和他们相比。

然而最卓越的工作还有另一原素，在幸福之源上讲，也许比妙技的运用更加重要，就是建设性。有些工作（虽然绝非大多数的工作）完成时，有些像纪念碑似的东西造起。建设与破坏之别，我们可用下列的标准去判辨。在建设里面，事情的原始状态是紊乱的，到结局时却形成一个计划；破坏正是相反，事情的原始状态是含有计划的，结局倒是紊乱的，换言之，破坏者的用意是产生一种毫无计划的事态。这个标准可应用于最呆板最明显的例子，即房屋的建造与拆毁。建造一所屋子是依照一预定的计划执行的，至于拆毁时谁也不曾决定等屋子完全拆除后怎样安放材料。固然破坏常常是建设的准备，在此情形中，它不过是一个含有建设性的整体中的一部分。但往往一个人所从事的活动，以破坏为目标而毫末想到以后的建设。他大抵把这点真相瞒着自己，自信只做着扫除工作以便重新建造，但若这真是一句托辞的话，我们不难把它揭穿，只要问问他以后如何建造就行。对这个问题，他的回答必是模糊的，无精打采的，不比他提及前此的破坏工作时说话又确切又有劲。不少的革命党徒，骛武主义者，以及别的暴力宣传家，都是如此。他们往往不知不觉受着仇恨的鼓动，破坏他们所恨的东西是他们真正的目的，至于以后如何，他们是漠不关心的。可是我不能否认在破坏工作内和建设工作内一样可有乐趣。那是一种更旷野的，在当时也许是更强烈的欢乐，但不能给人深刻的快慰，因为破坏的结果很少有令人快慰的成分。你杀死你的敌人，他一咽气，你的事情便完了，因胜利而感到的快意也不会久存。反之，建设的工作完成时，看了令人高兴，并且这工作的完满也不会到达无以复加的田地。最令人快慰的计划，能使人无限制地从一桩成功转入另一桩成功，永不会遇到此路不通的结局，由此我们可发现，以幸福之源而论，建设比破坏重要多多。更准确地说，凡在建设中感到快慰的人的快慰，要大于在破坏中感到快慰的人的快慰，因为你一朝充满了仇恨之后，不能再像旁人一般在建设中毫不费力地获得乐趣。

同时，要治疗憎恨的习惯，也莫如做一桩性质重要的建设工作。

因完成一件巨大的建设事业而感到快慰，是人生所能给予的最大快慰之一，虽然很不幸地这种登峰造极的滋味只有奇才异能之士方能尝到。因完满成就一件重要作业而获得的快乐，绝对没有丧失的危险，除非被人证明他的工作终究是恶劣的。这类的快慰，形式很多。一个人用灌溉的计划使一片荒田居然百花盛开，他的乐趣是最实在的。创造一个机构可能是一件重要无比的工作。少数的政治家鞠躬尽瘁地在混乱中建立秩序的工作便是这样的，在近代，列宁是一个最高的代表。最显著的例子还有艺术家和科学家。莎士比亚在提起他的诗作时说："人类能呼吸多久或眼睛能观看多久，这些东西就存在多久。"毫无疑问，这个念头使他在患难中感到安慰。在他的十四行诗里面，他极力声言思念朋友使他和人生重新握手，但我不由得不疑心，在这一点上他写给朋友的十四行诗比朋友本身更有效力。大艺术家和大科学家做着本身就可喜的工作；他们一边做着，一边获得有价值的人的尊敬，这就给予他们最基本的一种权力，即是控制人们思想与感觉的权力。他们也有最可靠的理由来珍视自己。这许多幸运的情况混合起来，一定足以使任何人都快乐的了。可是并不。譬如米开朗琪罗是一个绝对忧郁的人，而且坚持（我不信这是真的）说假如没有穷困的家族向他逼钱，他决不愿费心去制作艺术品。产生大艺术品的力量，往往，虽不是常常，和气质上的忧郁连在一起，那忧郁之深而且大，使一个艺术家倘非为了工作之乐便会趋于自杀之途。因此我们不能断言最伟大的工作即能使一个人快乐；我们只能说它可以减少一个人的不快乐。然而科学家在气质上的忧郁，远不及艺术家那样的常见，而一般致力于伟大科学工作的人总是快乐的，不用说，那主要是由工作来的。

现下智识分子的不快乐的原因，特别是有文学才具的一辈，是由于没有机会独立运用他们的技能，受雇于法利赛人主持的富有的团体，迫令他们制作着荒谬的毒物。假若你去问英国和美国的记者，对他们所隶属的报纸的政策是否信仰，你将发现只有少数人作肯定的回答；其余的都是为了生计所迫，出卖他们的技能去促成他们认为有害的计划。这等工作绝无快慰可言，一个人勉强做着的时候，会变成玩世不恭，以致在任何事业上都不能获得心满意足的快感。我不能责备一个从事于这等工作的人，因为饥饿的威胁太严重了，但我想只要可能做满足建设冲动的工作而不致挨饿，那么为他自己的幸福着想，明哲之道还是采取这一种工作而舍弃酬报优越，但他认为不值得做的事情。没有了自尊心就难有真正的幸福。而凡以自己的工作为差的人就难有自尊心。

建设工作的快慰，虽如事实所示，或许是少数人的特权，但此少数人可能非常广大。在自己的工作上不受他人支配的人，能够感到这一点；凡是一切认为自己的工作有益而需要很多技巧的人都能感到。产生满意的儿童是一件艰难的建设工作，能予人深切的快慰。能有这等成就的女人定能感到，以自己劳作的结果而论，世界包含着些有价值的东西，那是没有这等成就决计不会有的。

人类在把生活视为一个整体的倾向上面大有差别。在有些人心目中，这种看法是很自然的，而且认为能以相当快慰的心情来做到这一步是幸福的关键。在另一些人，人生是一串不相连续的事故，既谈不到有趣的动作，也谈不到统一性。我认为前一种人生观比后一种更可能获得幸福，因为那种人会慢慢地造成他们能够快慰和自尊的环境，不像后一种人随着情势的推移，东一下西一下地乱撞，永远找不到什么出路。视人生为一整体的习惯，无论在智慧方面在真道德方面，都是主要的一部分，应该在教育上加以鼓励。始终一致的目标不足以使生活幸福，但几乎是幸福生活的必要条件。而始终一致的目标，主要就包括在工作之内。

闲　　情

我在本章内所欲探讨的，不是生活赖以建立的重要兴趣，而是那些消磨闲暇的次要兴趣，使人在从事严肃的事务之余能够宽弛一下。普通人的生活里面，妻子儿女，工作与经济状况，占据了他关切惶虑的思想的主要部分。即使他在婚姻以外还有爱情，他对此爱情的关注，也远不如对此爱情可能对他家庭生活发生的影响来得深切。与工作密切有关的兴趣，我在此不认为是闲情逸兴。例如一个科学家，必须毫不放松地追随着他的研究。他对这等研究的感觉，其热烈与活泼表示那是和他的事业密切关连的，但若他披览本行以外的另一门科学研究时，他的心情便完全两样了，既不用专家的目光，也不那么用批评的目光，而采取比较无关心的态度。即使他得运用脑力以便追随作者的思想，他的这种阅览依旧是有宽弛的作用，因为它和他的责任渺不相关。倘若这本书使他感到兴趣，他的兴趣也是闲逸的，换言之，这种兴趣是不能用在与他自己的题目有关的书本上的。在本章内所欲讨论的，便是这类在一个人主要活动以外的兴趣。

忧郁、疲劳、神经紧张的原因之一，便是对于没有切身利害的东西不能感到兴趣。结果是有意识的思想老是贯注在少数问题上面，其中每一问题也许都含有一些焦心和困恼的成分。除了睡眠之外，意识界的思想永远不能休息下来听任下意识界的思想去慢慢地酝酿智慧。结果弄得非常兴奋，缺少敏感，烦躁易怒，失去了平衡的意识。这一切是疲劳之因，也是疲劳之果。一个人疲乏之余，对外界就兴趣索然，因为兴趣索然就不能从这种兴趣上面得到宽弛，于是他更加疲乏。这种恶性的循环使人精神崩溃真是太容易了。对外的兴趣所以有休息的功能，是它的不需要任何动作。决断事情，打主意，都是很累人的，尤其在匆促之间就要办了而得不到下意识界帮助的时候。有些人在作一件重大的决断之前，觉得必须"睡一觉再说"，真是再对也没有。但下意识思想的进展，并不限于睡眠时间。当一个人有意识的思念转在别方面时，照样可完成这个步骤。一个人工作完了能把它遗忘，直到下一天重新开始时再想起，那么他的工作，一定远胜于在休息时间念念不忘地操心着的人的工作。而要把工作在应当忘记时忘记，在一个在工作以外有许多其他的兴趣的人，要比一个无此兴趣的人容易办到。可是主要的是，这些闲情逸兴不可以运用已被日常工作弄乏了的官能。它们当毋须意志，毋须当机立断，也不当如赌博一般含有经济意味，且也不可过于刺激，使感情疲倦，使下意识和上意识同样的不得空闲。

有许多娱乐都能符合上述的条件。看游戏，进剧场，玩高尔夫球，都是无可訾议的。对于一个有书本嗜好的人，那么披览一些和他本身的活动无关的书籍也是很好。不问你所烦恼的是一件如何重大的事情，总不该把全部清醒着的时间花在上面。

在这一方面，男人和女人有很大的差别。大概男子比女子容易忘记他们的工作。在工作就是家政的女子，难于忘记是很自然的，既然她们不能变更场合，如男子离开公事房以后可改换一下心情那样。但若我的观察不错的话，在家庭以外工作的女子，在这方面和男子的差别，几乎也同在家庭以内工作的女子一样。她们觉得要对没有实用的事情感到兴味非常困难。她们的目的控制着她们的思想和活动，难得能沉溺在完全闲逸的兴趣里面。我当然承认例外是有的，但我只以一般情况来讲。譬如在一所女学校内，倘无男子在场，女教员们晚上的谈话总是三句不离本行，那是男学校里的男教员们所没有的情形。在女人眼中，这个特点表示女子比男子更忠于本分，但我不信这忠于本分久后能改进她们工作的品质。这倒反养成视线的狭小，慢慢趋向于偏执狂。

一切的闲情逸兴，除了在宽弛作用上重要之外，还有许多旁的裨益。第一，它们帮助人保持均称的意识。我们很易沉溺于自己的事业，自己的小集团，自己的特种工作，以致忘却在整个的人类活动里那是如何渺小，世界上有多少事情丝毫不受我们的所作所为影响。也许你要问：为何我们要记起这些？回答可有好几项。第一，对世界应有真实的认识，使它和必要的活动相称。我们之中每个人在世之日都很短促，而在此短促的期间需要对这个奇异的星球，以及这星球在宇宙中的地位，知道一切应当知道的事情。不知道求知的机会，等于进戏院而不知听戏。世界充满了可歌可泣、光怪陆离之事，凡不知留意舞台上的形形色色的人，就丧失了人生给予他的一种特权。

再则，均称的意识很有价值而且有时很能安慰人心。我们所生活的世界的一隅，我们生与死中间的一瞬，常使我们过于重视，以致变得过于兴奋，过于紧张。这种兴奋和过度的重视自己，毫无可取的地方。固然那可使我们工作更勤苦，但不能使我们工作更好。产生善果的少许工作，远胜于产生恶果的大量工作，虽然主张狂热生活的使徒抱着相反的意见。那般极端关切自己工作的人，永远有堕入偏执狂的危险；特别记得一件或两件要得的事而忘了其余的一切，以为在追求这一两件事情的时候对于旁的事情的损害是不重要的。要预防这种偏执的脾气，最好莫如对人的生活及其在宇宙中的地位抱着广大的观念。从这一点上看来，均称意识的确包括着很重大的问题，但除此特殊作用以外，它本身即有很大的价值。

近代高等教育的缺陷之一，是太偏于某些技能的训练，而忘了用大公无私的世界观去扩大人类的思想和心灵。假定你专心一志地从事于政治斗争，为了你一党的胜利而辛辛苦苦地工作。至此为止，一切都很好。但在斗争的途中可能遇到一些机会，使你觉得用了某种在世界上增加仇恨、暴力和猜疑的方法，就能达到你的胜利。譬如你发现实现胜利的捷径是去侮辱某个外国。倘使你的思想领域以现在为限，倘使你习染着效率至上的学说，你就会采取这等可疑的手段。由于这些手段，你眼前的计划是胜利了，但将来的后果可能非常悲惨。反之，假使你头脑里老摆着人类过去的历史，记得他从野蛮状态中蜕化出来时如何迟缓，以及他全部的生命和星球的年龄比较起来是如何短促等等，——假使这样的念头灌注在你的感觉里，你将发现，你所从事的暂时的斗争，其重要性决不致值得把人类的命运去冒险，把他重新推到他费了多少年代才探出头来的黑暗中去。不但如此，且当你在眼前的目的上失败时，你也可获得同样的意识①支持而不愿采用可耻的武器。在你当前的活动之下，你将有些遥远的、发展迟缓的目标，在其中你不复是一个单独的个人，而是领导人类趋于文明生活的大队人马中的一分子。若是你到达了这个观点，就有一股深邃的欢乐永远追随着你，不管你个人的命运如何。生命将变为与各个时代的伟人的联络，而个人的死亡也变为无足重轻的细故。

倘我有权照着我的意思去制定高等教育的话，我将设法废止旧有的正统宗教，——那只配少数的青年，而且往往是一般最不聪明与最仇视文明的青年——代以一种不宜称为宗教的东西，因为那不过是集中注意于一些确知的事实罢了。我将使青年清清楚楚地知道过去，清清楚楚地觉察人类的将来极可能远比他的过去为长久，深深地意识到地球的渺小，和在地球上的生活只是一件暂时的细故；在提供这些事实使他们确知个人的无足重轻以外，同时我更将提出另一组事实，使青年的头脑感受一种印象，领会到个人能够达到的那种伟大。斯宾诺莎早就论列过人类的界限和自由；不过他的形式与语言使他的思想除了哲学学生以外难能为大众领悟，但我要表白的要旨和他所说的微有不同。

一个人一朝窥见了造成心灵的伟大的东西之后，——不问这窥见是如何短暂如何简略，——倘仍然渺小，仍然重视自己，仍为琐屑的不幸所困惑，惧怕命运对他的处置，那他决不能快乐。凡是能达到心灵

① 即失败也是暂时的意识。——译者注

的伟大的人，会把他的头脑洞开，让世界上每一隅的风自由吹入。他看到的人生、世界和他自己，都将尽人类可能看到的那么真切，他将觉察人类生活的短促与渺小，觉察已知的宇宙中一切有价值的东西都集中在个人的心里。而他将看到，凡是心灵反映着世界的人，在某意义上就和世界一般广大。摆脱了为环境奴使的人所怀有的恐惧之后，他将体验到一种深邃的欢乐，尽管他外表的生活变化无定，他心灵深处永远不失为一个幸福的人。

丢开这些范围广大的思考，回到我们更接近的题目上来，就是闲情逸致的价值问题，那么还有别项观点使它大有助于幸福。即是最幸运的人也会遇到不如意之事。除了单身汉以外，很少人不曾和自己的妻子争吵；很少父母不曾为了儿女的疾病大大地操心；很少事业家不曾遇到经济难关，很少职业中人不曾有过一个时期给失败正眼相视。在这等时间，能在操心的对象以外对旁的事情感到兴趣，真是天赐的恩典。那时候，虽有烦恼眼前也无法可施，有的人便去下棋，有的人去读侦探小说，有的人去沉溺在通俗天文学里，还有人去披览巴比伦的发掘报告。这四种人的行动都不失为明哲，至于一个绝对不肯排遣的人，听让他的难题把他压倒，以致临到需要行动的时候反而更没应付的能力。同样的论点可应用于某些无可补救的忧伤，例如至爱的人的死亡等。在此情形之下，沉溺在悲哀里是对谁都没有好处的。悲哀是免不了的，应当在意料之内的，但我们当竭尽所能加以限制。某些人在患难之中榨取最后一滴的苦恼，实际不过是满足他们的感伤气氛。当然我不否认一个人可能被忧伤压倒，但我坚持每个人应尽最大的努力去逃避这个命运，应当寻一些消遣，不管是如何琐屑的，但求它不是有害的或可耻的就行。在我认为有害或可耻的消遣之中，包括酗酒和服用麻醉品，那是以暂时毁灭思想为目标的。适当的方法并不是毁灭思想，而是把思想引入一条新路，或至少是一条和当前的患难远离的路。但这一点决难做到，倘使一个人的生活素来集中在极少数的兴趣上，而这少数的兴趣又被忧伤挡住了路。患难来时要能担受，明哲的办法，是在平时快乐的辰光培养好相当广大的趣味，使心灵能找到一块不受骚乱的地方，替它唤引起一些别的联想和情绪，而不致只抱着悲哀的联想和情绪，使"现在"难以挨受。

一个有充分的生机与兴致的人战胜患难的方法，是在每次打击以后对人生和世界重新发生兴趣，在他，人生与世界决不限制得那么狭小，使一下的打击成为致命。被一次或几次的失败击倒，不能认为感觉敏锐而值得赞美，而应认为缺少生命力而可怜可叹。我们一切的情爱都在死神的掌握之中，它能随时打倒我们所爱的人。所以我们的生活决不可置于狭隘的兴趣之上，使我们人生的意义和目的完全受着意外事故的支配。

为了这些理由，一个明哲地追求幸福的人，除了他借以建立生命的主要兴趣之外，总得设法培养多少闲情逸兴。

努力与舍弃

中庸之道是一种乏味的学说，我还记得当我年轻时曾用轻蔑和慷慨的态度唾弃它，因为那时我所崇拜的是英雄式的极端。然而真理并非永远是有趣的，而许多事情的得人信仰就为了它的有趣，虽然事实上很少别的证据足为那些事情张目。中庸之道便是一个恰当的例子：它可能是乏味的学说，但在许多方面是真理。

必须保持中庸之道的场合之一，是在于努力与舍弃之间的维持均势。两项主张都曾有极端的拥护者。主舍弃说的是圣徒与神秘主义者，主努力说的是效率论者和强壮的基督徒。这两个对峙的学派各有一部分真理，但不是全部的。我想在本章内寻出并固定一个折衷点，我的探究将先从努力这方面开始。

除了极少的情形之外，幸福这样东西不像成熟的果子一样，单靠着幸运的机会作用掉在你嘴里的。所以本书的题目叫作《幸福之征服》^{①}。因

① 译者改译为《幸福之路》以求晓畅，但在此亦可有同样含义。——译者注

为世界上充满着那么多的可免与不可免的厄运、疾病、心理纠纷、斗争、贫穷、仇恨，一个男人或女人若要幸福，必须觅得一些方法去应付在每个人头上的不快乐的许多原因。在若干稀有的场合，那可以毋须多大努力。一个性情和易的男人，承袭了一笔巨大的财产，身体康健，嗜好简单，可以终生逍遥而不知骚扰惶乱为何物；一个美貌而天性懒散的女子，倘若嫁了一个富裕的丈夫毋须她操劳，倘若她婚后不怕发胖，那一样可以享受懒福，只消在儿女方面也有运气。但这等情形是例外的。大多数人没有钱，很多人并不生来性情和易，也有很多人秉受着骚乱的热情，觉得宁静而有规则的生活可厌；健康是无人能有把握的福气，婚姻也非一成不变的快乐之源。为了这些理由，对于大多数男女，幸福是一种成就而非上帝的恩赐，而在这件成就里面，内的与外的努力必然占有极大的作用。内的努力可能包括必要的舍弃，所以目前我们只谈外的努力。

不问男女，当一个人要为生活而工作时，他的需要努力是显而易见的，用不到我们特别申说。不错，印度的托钵僧不必费力，只要伸出他的孟钵来接受善男信女的施舍就能过活，但在西方各国，当局对于这种谋生之道是不加青眼的。而且气候也使这种生活不及比较热而干燥的地方来得愉快：无论如何，在冬季，很少人懒到宁在室外闲荡而不愿在温暖的室内做工的。因此单是舍弃在西方不是一条幸运之路。

在西方各国大部分的人，光是生活不足以造成幸福，因为他们还觉得需要成功。在有些职业内，例如科学研究，一般并无优厚收入的人可能在成功的感觉上得到满足，但在大多数职业内，收入变成了唯一的成功尺度。从这方面看,舍弃这个原素在大多数情形中值得提倡,因在一个竞争的社会内,卓越的成功只有对少数人可能。

努力在婚姻上是否必要,当视情形而定。当一个性别的人处于少数方面时,例如男子之在英国,女子之在澳洲,大抵无须多大努力就可获得满意的婚姻。然而处于多数方面的性别,情形正相反之。当女人的数量超过男子时,她们为了婚姻所费的努力与思想是很显著的,只要研究一下妇女杂志里的广告便可知道。当男子占在多数方面时,他们往往采取更迅速的手段,例如运用手枪。这是自然的,因为大多数男人还站在文明的边缘上。假如一种专门传染女子的瘟疫使英国的男子变成了多数,我不知他们将怎么办,也许会一反往昔殷勤献媚的态度吧。

养育儿女而求成绩完满,显然需要极大的努力,无人能够否认。凡是相信舍弃,相信误称为"唯心的"人生观的国家,总是儿童死亡率极高的国家。医药、卫生、防腐、适当的食物：不预先征服这个世界是不能到手的；它们需要对付物质环境的精力与智慧。凡把这问题当作幻象看待的人,对污秽不洁也会作同样的想法,结果是致他们的儿童于死亡。

更一般地说,每个保有天然欲望的人都把某种权力作为他正常的与合法的目标。至于愿望何种权力是看他最强烈的热情而定的；有的人愿望控制别人行动的权力,有的愿望控制别人思想的权力,有的愿望控制别人情感的权力。一个人渴望改变物质环境,另一个却渴望从智力的优越上来的权力。每桩公众工作都包含着对某种权力的欲望,除非它只以营私舞弊而致富为目标。凡目击人类的忧患而痛苦的人,倘他的痛苦是真诚的话，定将愿望减少忧患。对权力完全淡漠的人，只有对于同族同类完全淡漠的那种人。所以某几种权力欲，可以认为一般能建造良好社会的人的一部分配备。而每种权力欲，只要不受阻挠，都包含着一种相应的努力。以西方人的气质来看，这个结论或已是老生常谈，但西方国家不少人士方在跟所谓"东方的智慧"调情，正当东方人开始把它丢弃的时候。对这一般人，我们刚才的说数可能显得成为问题，若果如此，我们把老生常谈再说一遍还是不虚的。

虽然如此，在幸福的征服上，舍弃也有它的作用，且其重要性不下于努力。明哲之士虽不愿对着可免的灾难坐以待毙，但也不愿为着不可免的患难虚耗精力与时间，而且即使对某些可免的患难，他也宁愿屈服，假如去避免这等不幸所作的努力会妨害他更重要的追求的话。很多人为了一切细小的不如意而烦恼或暴怒，以致浪费了许多有用的精力。即使对付真正重要的目标，也不宜过于动感情，以致想到一切可能的失败而永远扰乱精神的和平。基督教以服从上帝的意志为训，即使一般不能接受这种说数的人，他们的一切行动里也当有些与此相仿的信念存在。在实际作业上，效率往往不能和我们对这件作业所抱的感情相称；的确，感情有时倒妨害效率。适当之法是尽我所能，然后把成败付诸命运。舍弃有两种，一是源于绝望，一是源于不可克服的希望。前者是不好的，后者是好的。一个人受着那么彻底的失败，以致对一切重大的成就抛弃希望时，可能学会了绝望的舍弃，若果如此，他将放弃一切重要的活动。他可能用宗教的词句，或借着冥想才是人类真正目标的学说，来掩饰他的绝望，但不问他采用何种遁词来遮蔽他内心的失败，他总是一无所用而且彻底不快乐的了。把舍弃建筑在不可克服的希望之上的人，行动是完全两样的。希望而成为不可克服，一定是很大而不属于个人性质的。不论我个人的活动为何，我可能被死亡或某种疾病所战败，我可能被敌人克服，我可能发觉走上了一条不智而不能成功的路。在千千万万的方式之下，纯粹个人的失败会无法避免，但若个人的目标是对于人类的大希望中的一部分时，那么失败来时不会怎样的不可救药了。愿望有大发现的科学家可能失败，或可能因什么急病而放弃工作，但若他深切地渴望科学的进步而不单希望自己的参与，那他决不会如一个纯出自私动机的科学家那样感到绝望。为着某些极迫切的改革而工作的人，可能发觉全部的努力被一场战争挤入了岔路，也可能发觉他勉力以赴的事情不能在他生前成功。但他毋须为之而绝望，只消他关切着人类的前途而不斤斤于自己的参加。

以上所说的舍弃都是最难的，但在许多别的事情里，舍弃比较容易得多。在这等情形内，只是次要的计划受到挫折，人生主要的计划依旧有成功之望。譬如一个从事于重大作业的男人，倘因婚姻的不快乐而困恼，那他就是不能在应该舍弃的地方舍弃，倘他的工作真足以使他沉溺，他应该把那一类偶发的纠纷看作像潮湿的天气一般，当作一件不值得大惊小怪的厌事。

某些人不能忍受一些琐碎的烦恼，殊不知那些烦恼可能充塞生活的大部分。他们错失火车时大发雷霆，晚饭煮得恶劣时恼怒不堪，火炉漏烟时陷于绝望，洗衣作送货误了时间便对整个的工业界赌咒要报复。这种人在小烦恼上所花的精力，假使用得明哲的话，足以建造帝国或推翻帝国。智慧之士不会注意女仆不曾拂拭的尘埃，厨子不曾煮好的番薯，和扫帚不曾扫去的煤灰。并非说他不曾设法改善这些事情，只消他有时间；我只说他对付它们时不动感情。烦恼、惶乱、愤怒，是毫无作用的感情。凡强烈感到这些情绪的人，会说他们无法加以克制，而我不知除了上面提及的基本舍弃之外，还有什么方法可以克制这类情绪。集中精神于若干伟大的而非个人的希望，固然能使一个人忍受个人的失败，或夫妇生活的不谐，但也能使他在错失火车或把雨伞掉在污泥中时耐心隐忍。假如他是一个天性易怒的人，我不知此外还有何种治疗可以应用。

摆脱了烦扰的人，将发觉以后的生活远比他一直恼怒的时候轻快得多。熟人们的怪癖，以前会使他失声而呼的，现在只觉好玩了。当某甲把台尔·弗谷主教的故事讲到第三百四十七次时，他将以注意次数的纪录为乐，不复企图用自己肚里的故事去岔开对方的话头了。当他匆匆忙忙正要去赶早车时忽然断了鞋带，在临时补救之后，他将想到在宇宙史中这件小事究竟没有什么重要。当他在求婚时节忽然被一个可厌的邻居的访问打断时，他将想到所有的人都能遇到这一类的厄运，唯一的例外也许是亚当，但连亚当也有烦恼。对琐屑的不幸，用什么古怪的比喻或特殊的类似点来安慰自己是没有限制的。每个文明的男子或女子，我想，都各把自己构成一幅图画，逢着什么事情来破坏这幅图画时就要懊恼。最好的补救是，不要只有一幅图画，而有整个的画廊，使你可以随着情势而作适当的选择。假如那些肖像中有些是可笑的，那么更好；一个人整天把自己看作悲剧中的英雄是不智的。我不说一个人得永远自视为喜剧中的小丑，那将格外可厌，但必须有机巧去选择一个适合情势的角色。当然，如果你能忘掉自己而不扮任何角色，那是再好没有。但若扮演角色之事已成为第二天性的话，得想到你是在演各种不同的戏码，所以要避免单调。

许多长于活动的人认为些少的舍弃，些少的幽默，足以破坏他们做事的精力，破坏他们自以为能促进成功的定见。我以为他们错了。值得做的工作，即在那般既不把工作之重要性也不把工作的轻而易举来欺蒙自己的人，也一样可以做成。凡是只靠自欺而工作的人，最好先停下来学一学忍受真理，然后继续他们的事业，因为靠自欺来支持工作的需要，迟早对工作非徒无益而又害之。而有害之事还是不做为妙。世界上有益的工作，一半是从事于消灭有害的工作的。为辨别事实所花的少许时间不是浪费的，以后所做的工作大概不致再有什么害处，像一般老是需要自吹自捧来刺激精力的人的工作那样。某种舍弃是在于愿意正视自己的真相；这一种舍弃，虽然最初会给你痛苦，结果却给你一种保障，——唯一可能的保障——使你不致像自欺的人一般，尝到失望与幻灭的滋味。令人疲倦而长久之下令人气恼的事，莫过于天天要努力相信一些事情，而那些事情一天天的变得不可信。丢开这种努力，是获取可靠与持久的幸福的必要条件。

幸福的人

幸福，显然一部分靠外界的环境，一部分靠一个人自己。在本书里我们一直论列着后一部分，结果发觉在涉及一个人本身的范围以内，幸福的方子是很简单的。许多人，其中可包括我以前评述过的克鲁奇氏，认为倘没有一种多少含有宗教性的信仰，幸福是不可能的。还有许多本身便是不快乐的人，认为他们的哀伤有着错杂而很高的理智根源。我可不信那是幸福或不幸福的真正原因，我认为它们只是现象而已。不快乐的人照例会采取一宗不快乐的信仰，快乐的人采取一宗快乐的信仰；各把各的快乐或不快乐归纳到他的信念，不知真正的原因完全在另一面。对于大多数人的快乐，有些事情是必不可少的，但那是些简单的事情：饮食与居处、健康、爱情、成功的工作、小范围里的敬意。为某些人，儿女也是必需的。在缺少这些事情的场合，唯有例外的人才能幸福，但在他们并不缺少或可能用正确的努力去获取的场合，而一个人仍然不快乐，那必有些心理上的骚乱，假如这骚乱很严重的话，可能需要一个精神分析学家帮助，但在普通的情形中，骚乱可由病人自疗，只消把事情安排适当。在外界的环境并不极端恶劣的场合，一个人应该能获得幸福，唯一的条件是，他的热情与兴味向外而非向内发展。所以，在教育方面和在我们适应世界的企图方面，都该尽量避免自我中心的情欲，获取那些使我们的思想不永远贯注着自身的情爱与兴趣。大多数人的天性决不会在一所监狱里觉得快乐，而把我们幽闭在自己之内的情欲，确是一所最可怕的监狱。这等情欲之中最普通的是：恐惧、嫉妒、犯罪意识、自怜和自赞。在这一切激情里，我们的欲望都集中在自己身上：对外界没有真正的兴趣，只是担心它在某种方式之下来损害我们，或不来培养我们的"自我"。人们的不愿承认事实，那样的急于把荒唐的梦境像温暖的大髦般裹着自己，主要的原因是恐惧。但荆棘会戳破大髦，冷风会从裂缝里钻进来，惯于温暖的人便受苦了，且远甚于一个早先炼好身体、不怕寒冷的人。何况一个自欺的人往往心里知道自欺，老是提心吊胆，怕外界什么不利的事故迫使他们有何不愉快的发现。

自我中心的激情的最大弊病之一，是它的使生活变得单调。一个只爱自己的人，固然不能被人责备说他情爱混杂，但结果势必因膜拜的对象没有变化而烦闷不堪。因犯罪意识而痛苦的人，是受着特殊的一种自我爱恋的痛苦。在此广大的宇宙中，他觉得最重要的莫如自己的有德。鼓励这种特殊的自溺，是传统宗教所犯的最严重的错误。

幸福的人，生活是客观的，有着自由的情爱①、广大的兴趣，因为这些兴趣与情爱而快乐，也因为它们使他成为许多别人的兴趣和情爱的

① 即不是自我中心的。——译者注

对象而快乐。受到情爱是幸福的一个大原因，但要求情爱的人并非受到情爱的人。广义说来，受到情爱的人是给予情爱的人。但有作用的给予，好似一个人为了生利而放债一般，是无用的，因为有计谋的情爱不是真实的，受到的人也觉得不是真实的。

那么，一个因拘囚于自己之内而不快乐的人又将怎么办呢？倘若他老想着自己不快乐的原因，他就得永远自我集中而跳不出这个牢笼，跳出去的方法唯有用真实的兴趣，而非当作药物一般接受的冒充的兴趣。困难虽是实在的，他究竟还能有许多作为，如果他能真正找发出自己的病源。譬如他的忧郁是源于有意识的或无意识的犯罪意识，那么他可先使自己的意识界明白，他并没理由感到有罪，然后照着我们以前陈说的方法，把合理的信念种入无意识界，一面从事于多少中性的活动。假令他在制服犯罪意识上获有成就，大概真正客观的兴趣会自然而然地浮现的。再若他的病源是自怜，他可先令自己相信在他的环境内并无特别的不幸，然后用以上所述的步骤做去。如果恐惧是他的不快乐之源，那么他可试作增加勇气的练习。战场上的勇气，从已经记不起的时代起就被认为重要的德性，男孩子和青年们的训练，一大部分是用来产生不怕打仗的性格的。但精神的和智慧的勇气不曾受到同样的注意；可是同样有方法培养。每天你至少承认一桩令你痛苦的真理；你将发觉这和童子军的日课一般有益。你得学会这个感觉；即使你在德性上聪明上远不及你的朋友们（实际上当然不是如此），人生还是值得生活。这等练习，在几年之后终于使你能面对事实而不畏缩，由是把你在许多地方从恐惧之中解放出来。

至于你克服了自溺病以后能有何种客观的兴趣，那是应当听任你的天性和外界环境去自然酝酿的。别预先对你自己说"假使我能沉溺在集邮里面，我便该快活了"的话，而再去从事集邮，因为你可能发觉集邮完全无味。唯有真正引起你趣味的东西才对你有益，但你可确信，一朝你不再沉溺在自己之内时，真正客观的兴趣自会长成。

在极大的限度内，幸福的生活有如善良的生活。职业的道学家太偏重于克己之道，由是他们的重心放错了地方。有意识的自制，使一个人陷于自溺而强烈地感到他所作的牺牲，因此它往往在当前的目标和最后的目标上全归失败。我们所需要的不是自制而是那种对外的关切，凡只顾追逐自己的德性的人，用了有意识的克己功夫所能做到的行动，在一个关切外界的人可以自然而然地做到。我用着行乐主义者的态度写这本书，就是说我仿佛把幸福认作善，但从行乐主义者的观点所要提倡的行为，大体上殊无异于一个健全的道学家所要提倡的。然而道学家太偏于（当然不是全体如此）夸张行为而忽视心理状态。一件行为的效果，依照当事人当时的心理状态可以大有出入。偶使看见一个孩子淹溺，你凭着救助的直接冲动而去救援他，事后你在道德上丝毫无损。但若你先自忖道："救一个无助的人是道德的一部分，而我是愿意有德的，所以应当救这孩子。"那么事后你将比以前更降低一级。适用在这个极端的例子上的道理，同样可应用于其他较为隐晦的情形。

在我和传统的道学家提倡的人生态度之间，还有一些更微妙的区别。譬如，传统的道学家说爱情应当不自私。在某意义内，这是对的，换言之，爱情不当超过某程度的自私，但无疑的它必须有相当程度的自私，使一个人能因爱情的成功而获得快乐。假如一个男人向一个女子求婚，心中热烈祝望她幸福，同时以为这是自我舍弃的机会，那么我想她是否觉得完全满意是大成问题的。不用说，我们应愿望所爱的人幸福，但不当把他的幸福代替自己的一份。"克己说"包含着自我与世界的对立。但若我们真正关切身外的人或物的时候，这种对立便消灭了。由于这一类的对外关切，我们能感到自己是生命之流的一部分，而不是像台球般的一个独立的个体，除了击撞（台球之与台球）以外，和旁的个体更无关系。一切的不幸福都由于某种的破裂或缺乏全部的一致；意识界与无意识界缺少了相互的联络，使促成自身之内的破裂，自己与社会不曾由客观的兴趣和情爱之力连结为一，便促成了两者之间的缺少一致。幸福的人决不会感到这两种分离的苦痛，他的人格既不分裂来和自己对抗，也不分裂来和世界对抗。这样的人只觉得自己是宇宙的公民，自由享受着世界所提供的色相和欢乐，不因想起死亡而困惑，因为他觉得并不真和后来的人分离。如是深切的和生命的长流结合之下，至高至大的欢乐方能觅得。

附录

译者弁言（《人生五大问题》）

本书论题，简单明白，译者毋须更赘一辞。论旨之中正和平，态度之无党无私，与我国固有伦理学说之暗合，洵为晚近欧美出版界中不经见之作。前三讲涵蓄夫妇父子兄弟朋友诸伦之义，第四讲论及政治经济，第五讲泛论人生终极目的，似为结论性质。全书要以明智之说（sagesse）为立论中心，故反复以不忘本，不涉空言为戒。作者更以小说家之丰富的经验，传记家之深沉的观察①，旁征博引，剖析綦详，申述古训，加以复按，尤为本书特色：是盖现世之人本主义论，亦二十世纪之道德论也。丁此风云变幻，举国惶惶之秋，若本书能使颓丧之士萌蘖若干希望，能为战斗英雄添加些少勇气，则译者所费之心力，岂止贩卖智识而已哉？

再本书原名《情操与习尚》(*Sentiments et Coutumes*)，第四讲原题《技艺与都市》(*Le Métier et la Cité*)，似嫌暗晦，故擅为改译今名，冀

---

① 作者所著名人传记久已脍炙人口，拜伦一作尤著。

以明白晓畅之标题，益能引起读者之注意云耳。

二十四年七月　译者　志于上海

原　序（《人生五大问题》）

本书包括五个演讲，愿意保存其演辞性质较更自然。窃欲以最具体最简单的方式，对于若干主要问题有所阐发。人类之于配偶于家庭于国家究竟如何生活，斯为本书所欲探讨之要义。顾在研求索解时，似宜于事实上将人类在种种环境中之生活状况先加推究，孔德（Auguste Comte）尝言："理论上的明智（sagesse théorique）当与神妙的实际的明智（sagesse pratique）融会贯通"；本书即奉此旨为圭臬。

André Maurois

译者弁言（《幸福之路》）

人尽皆知戏剧是综合的艺术；但人生之为综合的艺术，似乎还没被人充分认识，且其综合意义的更完满更广大，尤其不曾获得深刻的体验。在戏剧舞台上，演员得扮演种种角色，追求演技上的成功，经历悲欢离合的情绪。但在人生舞台上，我们得扮演更多种的角色，追求更多方面的成功，遇到的局势也更光怪陆离，出人意外。即使在长途的跋涉奔波、忧患遍尝之后，也不一定能尝到甘美的果实——这果实我们称之为人生艺术的结晶品，称之为幸福。

症结所在，就如本书作者所云，有内外双重的原因。外的原因是物质环境，现存制度，那是不在个人能力范围以内的；内的原因有一切的心理症结，传统信念，那是在个人能力之内而往往为个人所不知或不愿纠正的。精神分析学近数十年来的努力，已驱除了不少内心的幽灵；但这种专门的科学知识既难于普遍，更难于运用。而且人生艺术所涉及的还有生物学、伦理学、社会学、历史、经济，以及无数或大或小的知识和——尤其是——智慧。能综合以上的许多观点而可为我们南针的，在近人著作中，罗素的《幸福之路》似乎是值得介绍的一部。他的现实的观点，有些人也许要认为卑之无甚高论，但我认为正是值得我们紧紧抓握的关键。现实的枷锁加在每个人身上，大家都沉在苦恼的深渊里无以自拔；我们既不能鼓励每个人都成为革命家，也不能抑压每个人求生和求幸福的本能，那么如何在现存的重负之下挣扎出一颗自由与健全的心灵，去一尝人生的果实，岂非当前最迫切的问题？

在此我得感谢几位无形中促使我译成本书的朋友。我特别要感激一位年轻的友人，使我实地体验到：人生的暴风雨和自然界的一样多，来时也一样的突兀；有时内心的阴霾和雷电，比外界的更可怕更致命。所以我们多一个向导，便多一重盔甲，多一重保障。

这是我译本书的动机。

译者

一九四二年一月

序（《幸福之路》）

这部书不是献给博学之士的，也不是给那般把实际问题作为谈助的人的。在以下的篇章内，既无高深的哲理，也无渊博的征引。我只把通情达理的一些意见归纳起来。配合这张献给读者的方子时，我所采取的学说都是由我自己的经验和观察证实过的，而且我每次遵从这些学说时都曾增加我的幸福的。为了这个缘故，我敢希望在无数感着忧郁之苦而不自溺于忧郁的男女中间，能有一部分在此找到他们的病案和逃避之法。因为相信不少烦恼的人凭着适当的努力可以变得幸福，所以我才写下这部书。